U0258617

电子信息前沿专著系列 · 第二期　　"十四五"时期国家重点出版物出版专项规划项目

国家出版基金项目
NATIONAL PUBLICATION FOUNDATION

边缘数据中心光网络

杨辉　姚秋彦　张杰　著

Optical Networks in Edge Data Center

工信学术出版基金
Industry and Information Technology
Academic Publishing Fund

人民邮电出版社
北　京

图书在版编目（CIP）数据

边缘数据中心光网络 / 杨辉，姚秋彦，张杰著. --
北京 ：人民邮电出版社，2024.8
（电子信息前沿专著系列. 第二期）
ISBN 978-7-115-63618-8

Ⅰ. ①边… Ⅱ. ①杨… ②姚… ③张… Ⅲ. ①光纤网
—研究 Ⅳ. ①TN929.11

中国国家版本馆CIP数据核字(2024)第039085号

内 容 提 要

　　本书针对当前边缘数据中心光网络多域协作、异质资源分配、服务能力可靠性的需求，从多域可信控制、资源高效分配、可靠性提升等方面提出相应的解决方案。

　　本书首先介绍边缘数据中心光网络可信控制技术，以及分布式软件定义边缘数据中心光网络的可信控制架构与跨域交互机制。然后，依次介绍边缘数据中心内突发流量预测与调度技术、边缘数据中心间长期流量预测与调度技术，并介绍相应的流量预测模型与资源分配算法。最后，针对边缘数据中心光网络的可靠性提升，介绍其异常预测技术与故障定位技术，并提出相应的解决方案。

　　本书既可供高等院校通信、电子、信息科学等相关专业师生参考，也适合对边缘数据中心光网络领域有兴趣的非相关专业读者，以及正在从事边缘数据中心光网络理论研究和系统设计的通信行业研发人员阅读。

◆ 著　　　　　杨　辉　姚秋彦　张　杰
　　责任编辑　　贺瑞君
　　责任印制　　马振武

◆ 人民邮电出版社出版发行　　北京市丰台区成寿寺路 11 号
　　邮编　100164　　电子邮件　315@ptpress.com.cn
　　网址　https://www.ptpress.com.cn
　　北京九天鸿程印刷有限责任公司印刷

◆ 开本：700×1000　1/16
　　印张：8.75　　　　　　　　　　2024 年 8 月第 1 版
　　字数：110 千字　　　　　　　　2024 年 8 月北京第 1 次印刷

定价：149.00 元

读者服务热线：(010)81055410　印装质量热线：(010)81055316
反盗版热线：(010)81055315
广告经营许可证：京东市监广登字 20170147 号

电子信息前沿专著系列·第二期

总　序

电子信息科学与技术是现代信息社会的基石，也是科技革命和产业变革的关键，其发展日新月异。近年来，我国电子信息科技和相关产业蓬勃发展，为社会、经济发展和向智能社会升级提供了强有力的支撑，但同时我国仍迫切需要进一步完善电子信息科技自主创新体系，切实提升原始创新能力，努力实现更多"从 0 到 1"的原创性、基础性研究突破。《中华人民共和国国民经济和社会发展第十四个五年规划和 2035 年远景目标纲要》明确提出，要发展壮大新一代信息技术等战略性新兴产业。面向未来，我们亟待在电子信息前沿领域重点发展方向上进行系统化建设，持续推出一批能代表学科前沿与发展趋势，展现关键技术突破的有创见、有影响的高水平学术专著，以推动相关领域的学术交流，促进学科发展，助力科技人才快速成长，建设战略科技领先人才后备军队伍。

为贯彻落实国家"科技强国""人才强国"战略，进一步推动电子信息领域基础研究及技术的进步与创新，引导一线科研工作者树立学术理想、投身国家科技攻关、深入学术研究，人民邮电出版社联合中国电子学会、国务院学位委员会电子科学与技术学科评议组启动了"电子信息前沿青年学者出版工程"，科学评审、选拔优秀青年学者，建设"电子信息前沿专著系列"，计划分批出版约 50 册具有前沿性、开创性、突破性、引领性的原创学术专著，在电子信息领域持续总结、积累创新成果。"电子信息前沿青年学者出版工程"通过设立学术委员会和编辑出版委员会，以严谨的作者评审选拔机制和对作者学术写作的辅导、支持，实现对领域前沿的深刻把握和对未来发展的精准判断，从而保障系列图书的战略高度和前沿性。

"电子信息前沿专著系列"内容面向电子信息领域战略性、基础性、先导性的理论及应用。首期出版的 10 册学术专著，涵盖半导体器件、智能计算与数据分析、通信和信号及频谱技术等主题，包含清华大学、西安电子科技大学、哈尔滨工业大学（深圳）、东南大学、北京理工大学、电子科技大学、吉林大学、南京邮电大学等高等院校国家重点实验室的原创研究成果。

第二期出版的 9 册学术专著，内容覆盖半导体器件、雷达及电磁超表面、无线通信及天线、数据中心光网络、数据存储等重要领域，汇聚了来自清华大学、西安电子科技大学、国防科技大学、空军工程大学、哈尔滨工业大学（深圳）、北京理工大学、北京邮电大学、北京交通大学等高等院校国家重点实验室或军队重点实验室的原创研究成果。

本系列图书的出版不仅体现了传播学术思想、积淀研究成果、指导实践应用等方面的价值，而且对电子信息领域的广大科研工作者具有示范性作用，可为其开展科研工作提供切实可行的参考。

希望本系列图书具有可持续发展的生命力，成为电子信息领域具有举足轻重影响力和开创性的典范，对我国电子信息产业的发展起到积极的促进作用，对加快重要原创成果的传播、助力科研团队建设及人才的培养、推动学科和行业的创新发展都有所助益。同时，我们也希望本系列图书的出版能激发更多科技人才、产业精英投身到我国电子信息产业中，共同推动我国电子信息产业高速、高质量发展。

2024 年 8 月 22 日

前　　言

随着超高清视频、虚拟现实、实时互动直播类业务不断兴起，边缘数据中心服务应运而生。它可以满足业务超低时延、快速计算部署等需求。同时，在上述新业务形态的驱动下，边缘数据中心之间产生了互联需求，以满足大带宽、低时延等业务承载要求。在上述背景下，本书重点介绍边缘数据中心光网络控制与资源分配问题，具体如下。

第 1 章介绍边缘数据中心光网络的研究背景，阐述数据中心光网络在控制、资源分配、可靠性等方面的研究现状，并给出本书的主要内容安排。

第 2 章针对边缘数据中心光网络可信控制问题，介绍分布式软件定义边缘数据中心光网络可信控制架构，分析边缘数据中心光网络可信跨域交互机制，并应用自适应布隆过滤器实现跨域路由验证。

第 3 章针对边缘数据中心内突发流量预测与调度问题，介绍基于误差反馈脉冲神经网络的突发流量预测。在此基础上，设计一种基于突发流量预测的流量调度算法来处理频发的突发流量。

第 4 章针对边缘数据中心间长期流量预测与调度问题，首先介绍多时间间隔特征学习网络模型，该模型可用来处理一步长期流量预测任务。然后，介绍一种基于长期流量预测的资源分配算法，并结合全局评估因子对流量预测的效率进行评估。

第 5 章针对边缘数据中心光网络异常预测问题，首先介绍基于深度学习的边缘数据中心光网络异常预测框架。其次，介绍基于长短期记忆（Long-Short Term Memory，LSTM）网络的时序数据异常预测方案与有监督/无监督混合异常预测方案。

第 6 章针对边缘数据中心光网络故障定位问题，重点介绍基于深度神经进化网络的故障定位方法。该方法弥补了传统深度学习方法易陷入局部最优的不足，能够有效地实现对边缘数据中心光网络故障节点的精准定位。

本书凝聚了笔者所在单位多年来的科研经验和实践总结，也包含了于奥、赵旭东、梁永燊、袁佳琪、万宇等人在攻读学位期间的部分研究成果，在此一并表示感谢。

由于作者水平有限，书中难免有不足之处，敬请广大读者批评指正。

作者

2023 年 9 月 4 日于北京

目　　录

第1章　绪论

本章从边缘数据中心（Edge Data Center，EDC）光网络的现状出发，深入分析由现状引发的关键问题，并有针对性地提出解决方案，以提升边缘数据中心光网络性能与服务能力。最后，介绍本书的主要内容安排。

1.1　研究背景

虚拟现实、无人驾驶等靠近用户侧的新型业务对计算、存储等能力提出了更高的要求[1]。在此背景下，为满足大带宽、低时延等业务连接需求，计算、存储等网络服务能力正在快速地向网络边缘扩展。典型的应用模式为边缘计算技术。边缘数据中心作为边缘计算服务的一种实体应用形式，作用不可忽视。而光互联技术具备大带宽、低时延的数据传送能力，在边缘数据中心互联场景下扮演着重要的角色。因此，边缘数据中心光网络成为实时传送、高效处理网络边缘数据的典型场景，如图 1-1 所示。

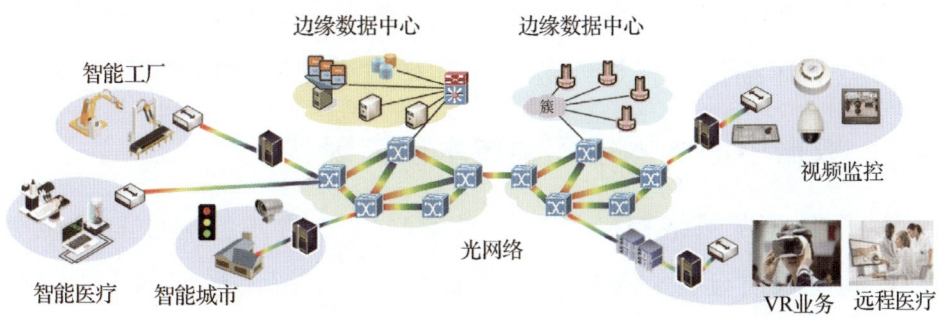

图 1-1　边缘数据中心光网络

为了满足边缘侧的用户业务需求，边缘数据中心光网络呈现出三大显著特征。第一，高度分布式多域互联。单个边缘数据中心受限于计算、存储等能力，无法完成某些既定的大型数据分析与处理任务，需要多个边缘侧的数据中心通过光互联形式来协作完成，由此形成了边缘数据中心多域光互联场景。第二，资源维度提升。边缘数据中心光网络场景中的业务类型多样，需求各异，为了完成多种业务服务，通常需要计算、存储、频谱等多维度资源协同分配。第三，网络结构互联复杂。边缘数据中心光网络通常是由光互联技术连接多个分布式部署的边缘数据中心，具有显著的广覆盖特征。这种特征也使得边缘数据中心光网络的连接结构非常复杂。

边缘数据中心光网络的这三大特征带来了多域协作不可信、多维资源分配低效、网络服务不可靠等问题。本书从上述三大问题入手，介绍边缘数据中心光网络的分布式可信控制技术、流量预测与调度技术、可靠服务提供技术（异常检测技术、故障定位技术）。这些技术能够从多域可信协作、资源高效分配、服务能力提升等角度保障边缘数据中心光网络的性能。

1.2 国内外研究现状

本节从数据中心光网络控制技术、资源分配技术、可靠性技术这3个方面详细地分析边缘数据中心光网络的研究现状。

1.2.1 数据中心光网络控制技术研究现状

数据中心光网络控制机制可以实现高效的任务调度与资源分配，以满足低时延、大带宽业务的需求。为了解决当前基于电交换机的分层数据中心网络架构中的带宽和时延问题，文献[2]介绍了一种基于分布式流控方式的快速光交换机和改进机架交换机的新型混合数据中心网络架构。该架构的簇内互连是通过光交换实现的，可在纳秒级时间内进行波长切换，而簇间通过机架接口直接互连。由于缺乏实用的光缓冲器，在冲突的情况下，该架构可利用光流控制实现数据包重传。最后，文献[2]对架构的性能进行了数值验证，充分地评估了不同场景下的时延、丢包和吞吐量。

部署边缘数据中心的目的是通过近乎实时地处理数据流和用户请求来减少时延和网络拥塞。负载均衡可以通过在边缘数据中心之间重新分配流量负载，来提高资源利用率并缩短任务响应时间。文献[3]介绍了一种负载均衡控制技术，可通过定位到负载较小的边缘数据中心来进行更合理的任务分配。上述控制技术不仅提高了负载均衡效率，而且通过对目的边缘数据中心进行认证，增强了安全性。

软件定义网络（Software Defined Network，SDN）的主要创新是将控制平面与数据平面解耦，并通过运行在控制器上的专门应用程序来集中进行网络管理。尽管基于 SDN 控制数据中心有许多优点，但其安全性仍然是学术界关注的问题。文献[4]介绍了基于广义熵（Generalized Entropy，GE）来检测控制层的低速率分布式拒绝服务（Distributed Denial of Service，DDoS）攻击。实验结果表明，与香农熵和其他统计信息距离度量相比，上述检测机制可提高检测精度。

为了在数据中心间光网络（Inter-data Center Optical Network，IDCON）上实现经济、高效的自适应网络控制和管理，人们开始考虑引入网络虚拟化技术，让 IDCON 的运营商作为基础设施提供商（Infrastructure Provider，InP），在 IDCON 上为租户创建虚拟光网络（Virtual Optical Network，VON）。文献[5]尝试将基于深度学习

（Deep Learning，DL）的流量预测集成到 IDCON 管理中。首先，设计了服务提供框架，其中每个租户使用 DL 模块来预测其 VON 中的流量。其次，当发现未来流量与其 VON 中分配的资源之间显著不匹配时，向 InP 提交重新配置 VON 的请求。

1.2.2 数据中心光网络资源分配技术研究现状

本小节从网络层资源分配方案设计出发，分别总结了传统的资源分配和基于人工智能技术的资源分配的研究现状，并结合边缘计算技术的研究背景，详细分析了基于人工智能技术的资源分配算法设计的必要性。

1．传统的资源分配算法

通过将位于云中的服务和功能移动到用户侧，边缘计算可以提供强大的存储和通信能力。作为边缘计算的实体，边缘数据中心网络的资源分配问题引起了研究人员的关注[6]。文献[7]引入了雾计算层，设计了基于社交网络的死锁管理器，通过收集所有可用空闲资源来帮助消除死锁。

移动边缘计算（Mobile Edge Computing，MEC）是一种新兴的模式。在该模式下，移动设备可以将计算密集型或时延敏感型任务卸载到附近的 MEC 服务器上，从而节省能源。与云服务器不同，MEC 服务器是部署在无线接入点上的小型数据中心，因此对无线电和计算资源都高度敏感。文献[8]以最小化总能耗为目标，提出了时延敏感型应用感知的资源分配算法。仿真结果表明，与传统算法相比，该算法在节能方面具有优异的性能。

传统的 MEC 服务器存在计算能力有限、无法及时处理密集型任务等缺点。文献[9]提出了异构多层 MEC，先将在边缘无法及时处理的数据卸载到上层 MEC 服务器，再卸载到计算能力更强大的云中心。最后，通过合理分配云中心、多层 MEC 服务器、边缘设备间的计算资源、传输资源，降低了服务时延。

2．基于人工智能技术的资源分配算法

由于资源管理是一项决策任务，因此许多工作提出了基于深度强化学习（Deep Reinforcement Learning，DRL）的方法，用于近似和预测资源分配的用户负载。在 DRL 中，代理会观察环境并根据该环境采取措施。文献[10]研究了 DRL 是否可以在没有人为干预的情况下用于自动流量优化。

文献[11]提出了一种基于 DRL 的智能资源分配算法。该算法可以自适应地分配计算资源和网络资源、缩短平均服务时间，并平衡不同 MEC 环境下的资源使用情况。实验结果表明，该算法在 MEC 变化条件下的性能优于传统最短路径优先算法。

联邦学习可以实现大规模分布式机器学习，且不会暴露用户隐私数据。文献[12]提出通过降低训练组中的中央处理器（Central Processing Unit，CPU）周期频率来提高联邦学习的能量效率，并设计了一种基于 DRL 的、经验驱动的计算资源分配算法，该算法可以在网络质量未知的情况下收敛到接近最优解。

1.2.3 数据中心光网络可靠性技术研究现状

本小节将从异常预测与故障定位两个角度分析数据中心光网络可靠性技术的研究现状。

在异常预测方面，目前的研究主要集中在数据中心网络、高性能计算网络、光网络等领域。文献[13]提出了一种混合网络异常预测模型，该模型利用灰狼优化算法和卷积神经网络（Convolutional Neural Network，CNN）实现了云数据中心场景下的异常预测，提升了异常预测的效率和准确度。而文献[14]针对高性能计算系统，

设计了基于自编码器的异常预测方案，通过训练一组自编码器来学习超级计算节点的正常行为，并在训练后使用它们来识别异常情况。在光网络场景下，文献[15]提出了一种自学习异常预测框架，它采用无监督数据聚类模块对监测数据进行模式分析，将该模块学习到的模式转移到有监督的数据回归和分类模块，以实现异常预测。

在故障定位方面，目前的研究主要集中在光网络领域。文献[16]将神经网络模型应用于光传送网的故障定位场景。为了解决神经网络模型的梯度消失和梯度爆炸问题，他们采用了梯度剪切或权正则化的方法，并选择长短期记忆（Long-Short Term Memory，LSTM）网络模型进行故障定位。文献[17]将知识图谱引入告警分析过程，提出了一种基于图神经网络（Graph Neural Network，GNN）的推理模型，对告警知识图谱进行关系推理，从而实现了网络故障定位。

综上所述，截至本书成稿之日，国内外工作主要集中在数据中心网络或光网络单场景下的控制、调度、可靠性研究，而针对边缘数据中心光网络的研究相对较少。近年来，虚拟现实、无人驾驶、智慧家庭等新业务、新场景对网络边缘侧的计算、存储等网络能力的要求越来越高。边缘数据中心光网络能够为上述业务提供计算、存储等能力的互联互通，具有很好的应用前景。

1.3　本书主要内容安排

边缘数据中心光网络呈现出功能融合和控制协作的发展趋势，多维资源集成分配将成为边缘数据中心光网络的重要指标。因此，研究边缘数据中心光网络多域可信协作、多维资源分配、网络可靠服务等技术成为重要方向。本书的组织架构如图1-2所示。

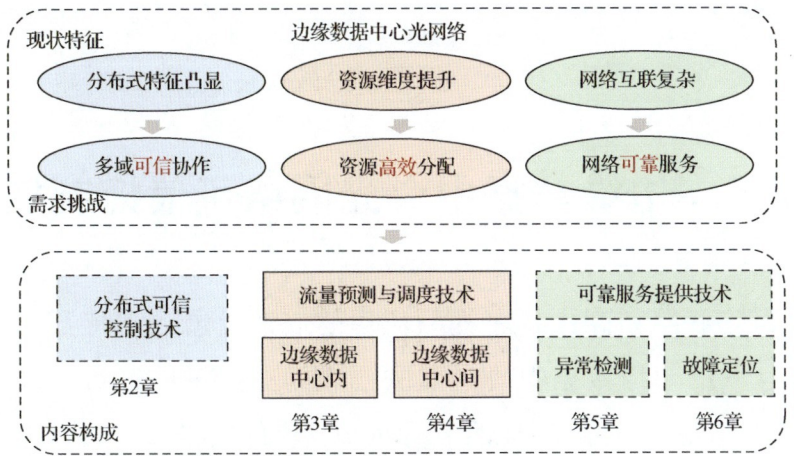

图 1-2　本书的组织架构

第2章　边缘数据中心光网络可信控制技术

随着物联网和高比特率视频应用的快速发展，支持数百台大带宽终端互联的边缘数据中心光互联已成为必然发展趋势，以承载新兴业务[18-19]。为了适应这样的业务承载，软件定义边缘数据中心光网络（Software Defined Edge Data Center Optical Network，SDEDCON）提供了内容存储和大带宽的连接，并可根据不同的需求分配合适粒度的定制光谱。在控制方面，实现了对光网络资源和业务的全局灵活控制。本章介绍分布式 SDEDCON 可信控制架构，分析基于区块链的跨域路由验证方案，并应用自适应布隆过滤器（Accommodative Bloom Filter，ABF）实现跨域路由验证。

2.1　分布式 SDEDCON 可信控制架构

近年来，光网络安全已经引起了各行各业的广泛关注[20-21]。集中式控制虽然具有可维护性和响应性好等特点，但一旦受到恶意攻击，将面临信息泄露的灾难性风险，对海量用户的通信造成巨大损失。与集中式 SDEDCON 相比，分布式 SDEDCON 可以避免或平衡风险，保证了各个域状态的私密性。而分布式体系结构必须面对多个具有各自域信息的控制器之间的信任问题。区块链是一种安全的去中心化架构，支持分布式通信和存储的可信性，本质上具有匿名性、持久性和可审计性等关键特性[22]。因此，可在边缘数据中心光互联场景下，应用区块链来增强分布式网络的可靠性。

2.1.1　边缘数据中心光互联场景下的可信控制需求分析

在边缘数据中心光互联场景下,利用软件定义光网络(Software Defined Optical Network,SDON)技术实现分布式控制,必须重点考虑以下 6 点。

(1)容错业务处理。作为目前主流的控制器安全防护手段,防火墙并不能保证绝对阻止非法数据流入。非法数据流成功地进入控制器网络后,网络攻击者就可以随心所欲地向控制层实施 DoS 攻击、伪装攻击等网络攻击行为,进而导致控制器的单点故障。此时,SDON 的可用性就会受到严重威胁,用户业务也将难以继续进行。因此,实现业务的容错处理对 SDON 设计而言尤为重要。

(2)数据一致性。在绝大多分布式系统中,一致性都是系统设计中需重点考虑的问题。在分布式控制结构中,控制器要进行协作,必须拥有分布式一致的网络数据基础,常见的需要同步的数据包括网络拓扑、转发流表、控制器配置状态等。特别是在水平分布式控制系统中,控制器集群交互协作需要与其他控制器达成数据一致,否则会出现消息不同步、操作错误等问题。

(3)网络性能。控制层若通过共识机制来保证网络数据、状态的一致性,就会给网络带来大量通信开销。尽管这些通信成本难以消除,但是从另一个角度来看,通过高消耗的共识机制来为系统增加一些增值功能或提升原有功能的工作效率,也是另一种提升网络性能的方法。

(4)异构资源分配。光通信的应用范围日益广阔,在核心网、传输网、接入网中都有所应用,光载无线等技术也日益成熟,光网络异构化已成为主流趋势。因此,SDON 还需要具备大规模异构资源分配能力,避免陷入单一资源或单一区域局部最优的资源分配。

（5）故障恢复。当控制器发生单点故障时，为了确保业务处理过程能够持续进行，必须通过可用的故障恢复机制进行系统修复。无论是对故障控制器进行重启操作，还是令底层交换节点重新映射到其他正常控制器，都是可采取的手段，但必须保证故障恢复的时延足够小，否则难以满足系统可靠性要求。

（6）隐私保护。SDON 中通常存在不同域由不同厂商控制的情况，这会导致在需要多域协作的跨域业务中，互不可信的多方之间存在数据隔离。不同的厂商既需要保护己方的具体拓扑隐私（节点位置、流量数据等），又需要确保对方提供路由的合法性，这个矛盾在 SDON 实际应用中也应被重点考虑。

2.1.2　基于区块链的分布式控制结构

在 SDON 中引入区块链技术，就构成了基于区块链的分布式控制结构（Blockchain-based Distributed Control Architecture，BlockCtrl），它的架构主要分为 4 个层面，即数据层、控制层、共识层及合约层，如图 2-1 所示。

数据层与常规的多域光网络大体一致，能够提供底层数据转发功能，具体转发规则与标准由 OpenFlow 协议定义，并由 SDON 控制器进行控制以简化操作。转发节点之间通过域内拓扑进行相互连接，同时各个域之间存在域间通路，保证全网拓扑的可达性。

在控制层中，所有控制器利用区块链组网技术组成控制网络，以水平结构相互连接并独立控制不同的控制域，每个控制域包含多台交换设备。同时，在软件层面，控制层中的每个控制器作为区块链成员节点之一，都拥有全网一致的分布式区块链账本，并统一安装了业务相关的智能合约。分布式区块链账本的一致性由共识机制维护，可为定制化的智能合约提供数据基础。

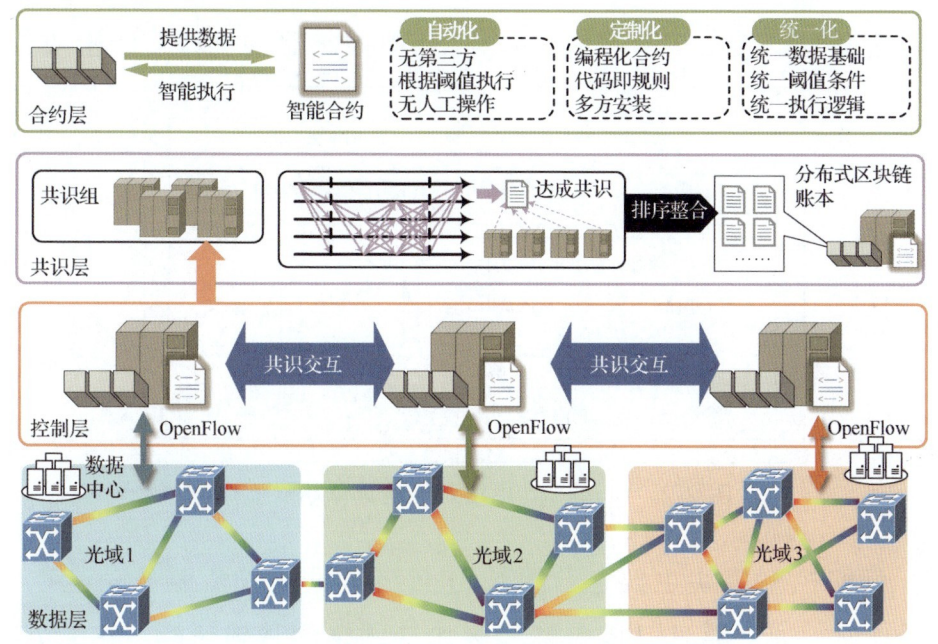

图 2-1　BlockCtrl 的架构

共识层负责对发送到控制器的待处理业务进行多控制器共识，以生成全网一致的业务处理结果。各控制器先独自进行业务处理，随后放入各自的任务池形成未验证的区块，根据可选的共识算法过程与其他控制器进行多轮交互，最终将达成共识的区块附加到各自的区块链账本中。整个流程中，除了区块链成员身份证书，各控制器无须提供额外的身份证明材料，就能够实现业务的分布式可信处理。

合约层的主体是安装在各控制器上的智能合约脚本，其中规定了合约执行约束条件、业务执行逻辑及错误处理逻辑等相关代码。相应的代码在达到约束条件时自动被调用，无须人工手动操作或第三方参与，并且在不满足条件时可以自动取消。

2.1.3　分布式 SDEDCON 可信控制架构的功能

2.1.2 小节介绍的 BlockCtrl 可以增强控制器之间的可信协作能力，但与此同时，控制器也要添加新的功能模块以适应区块链的某些特定功能。图 2-2 所示为 BlockCtrl 中控制器的具体功能模块。

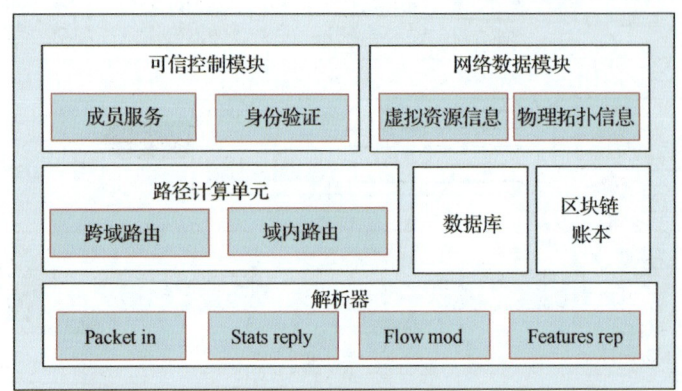

图 2-2　BlockCtrl 中控制器的具体功能模块

可信控制模块主要包含区块链网络提供的成员服务功能以及身份验证功能，这些功能是联盟区块链网络的基础功能。各成员在入网前都会被颁发具有联盟认证效力的数字证书，如超级账本联盟链所使用的隐私增强邮件（Privacy Enhanced Mail，PEM）编码的 X.509 标准数字证书。该数字证书可以用于成员的数据签名以证明数据的有效性与合法性，也可以用于成员间通信的身份签名以供接收方验证消息来源的合法性。

网络数据模块主要包括底层物理拓扑的具体信息以及物理网络虚拟化后的虚拟资源信息。控制器对其所管控的域内交换设备具有完全掌控权，存储着相关的全部数据，包括节点状态、负载、位置、连接关系等。当域内拓扑需要扩展时，扩展节点的相关信息只要更新到网络数据模块中即可接受控制器管理，参与数据交换活动。另外，为了更灵活地为上层业务按需分配底层网络资源，物理设备的资源状态会通过资源虚拟化技术被量化到网络数据的虚拟资源池中，上层应用提出资源需求后，控制器能够更灵活、粒度更低地提供底层资源。

路径计算单元是专门负责路由计算的模块。当接收到路径计算请求时，该模块基于当前掌握的网络拓扑数据，根据规定的路由策略及约束条件，计算出一条满足连接需求的路由通路。对于仅在域内节点间连接的域内路由请求，控制器可以独立完成计算并转发流表，进而下发到底层设备。对于涉及多个管理域的跨域路由请求，除了计算域内路由，还需要提供本域对外的连接端口，以供其他域连接。跨域路由涉及的多个控制器通过各自的域内路由及互连的跨域路由完成跨域路由的计算与下发。

BlockCtrl 中控制器的数据存储主要分为两部分。第一部分是基本的数据库，主要存储与控制器自身相关或底层设备相关的日志数据或状态数据，与现有的各类 SDON 控制器解决方案中的数据库大致相同。第二部分是区块链账本，主体是区块链数据本身，存储着区块链相关业务的数据日志，是全局一致的数据库。

解析器主要用于对 OpenFlow 协议中的信息进行解析，以便进行控制器与交换设备之间的原生信号流与符合 OpenFlow 规格的 OpenFlow 信号流之间的相互转化，实现具体控制行为。

本小节介绍的分布式 SDEDCON 可信控制架构能够确保底层交换设备与 SDON 控制器之间的数据一致性，允许在保证安全控制的同时更灵活地为网络增加增值功能，如故障恢复、身份验证、数据分析等。该架构提供的基础功能主要包括以下 3 个方面。

1. 基于共识机制的业务容错处理

通过引入共识机制，在故障控制器的数量低于容错阈值的情况下，无论故障控制器处于关闭状态还是受到攻击者的控制做出恶意行为，分布式控制器集群始终能够顺利执行业务并获得正确的业务执行结果。

以实用拜占庭容错（Practical Byzantine Fault Tolerance，PBFT）算法为例，假设系统存在低于阈值（总数的 1/3）的故障点。若故障点不工作，其他节点统计到足够多（总数的 2/3）的一致结果后，该算法会直接执行并上报故障；若故障点发布恶意消息，只要发布正确结果的节点足够多，错误行为就会被无视并上报。

2．基于分布式区块链账本的网络数据一致性

在扁平化分布的多个控制器形成的共识组中，主控制器仅有一个，其他均为成员控制器。主控制器除了提交排序结果这个额外功能，还与其他成员控制器享有同等的权利与义务。每个成员控制器都可以借助主控制器的排序功能，将业务处理结果合并在一个区块中，并进行共识，共识一致后将区块添加到各自的区块链账本中。

业务流程相关的多个阶段涉及底层交换设备的多个状态与操作，每个阶段控制器都会将底层设备的命令及设备对应的实时状态记录到业务池和分布式区块链账本中。因此，通过分布式区块链账本中的一致性数据，各类具有分布式特征的业务都能够更好地应用到系统中。

3．基于智能合约的自动化业务处理

系统管理员或得到授权的开发者可以在每个控制器中安装定制化的智能合约，该合约会自动执行代码中编写的网络功能。合约代码还规定了各项功能的执行条件，无须第三方参与，可自主运作。智能合约是分布式区块链账本的重要应用工具，每个控制器都能够基于相同的区块链账本执行一致的操作，无须通过第三方或其他手段来证明操作的一致性。

2.2 分布式 SDEDCON 可信跨域交互机制

分布式软件定义控制系统对整个通信网络进行分治控制，将控制节点分布到从核心侧至边缘侧的多个位置。随着业务多样化、环境复杂化，这种分布式控制结构中各控制器之间的路由安全与隐私保护至关重要。出于拓扑隐私保护的目的,本节对分布式 SDEDCON 多域协作模型进行分析,介绍基于区块链的跨域路由验证方案,并应用 ABF 实现跨域路由验证。最后,本书对该方案进行仿真实验,以评估其可行性和网络运行性能。

2.2.1　分布式 SDEDCON 多域协作模型

由于业务的复杂多变,分布式 SDEDCON 的各项路由任务已不仅仅是域内点对点的简单计算模式,更多的任务会涉及应用服务器、无线基站等网络资源实体之间跨层资源分配的联合计算。同时,各资源实体又会涉及多个信任域,彼此之间由于应用的信任机制不同而存在信任隔离,因此分布式 SDEDCON 的多域协作面临着跨域信任的挑战。这个挑战具体表现在跨域路由的合法性验证中,各信任域都希望获取其他域的物理拓扑信息以验证跨域路由的合法性,同时也希望能够不公开自身的具体拓扑数据,以防被不法分子截取、利用。这种信任矛盾是分布式 SDEDCON 多域协作亟待解决的问题。

图 2-3 所示为多域协作的网络场景下消息交互的关系。各物理域的交换设备通过物理链路相连,承载着物理传输层中数据转发的职责。每个物理域由一个特定的控制器进行控制,在正常工作过程中,转发设备需要向本域控制器上传操作日志并接受控制器的安全监控。控制器对本域的转发设备具有完全控制权,能够对转发设备不能识别的流量进行路由计算并将转发规则下发到转发设备。然而,这种分域自治的模式已经明确了其中的通信权限,关于控制器的跨域通信只有尚未形成标准的东西向接口,且跨域、跨层数据获取的可信度也难以保证。这种模式下,数据共享与隐私保护之间的矛盾将难以协调:不获取跨域拓扑数据,就无法得知数据在其他域是否被正确传输,数据的安全性受到威胁;公开本域拓扑数据则可能导致数据泄露,使拓扑数据被不法分子截取并伪装成数据节点来

分析流量状态，以跟踪用户行为并窃取数据，这又将对网络安全造成极大的危害。

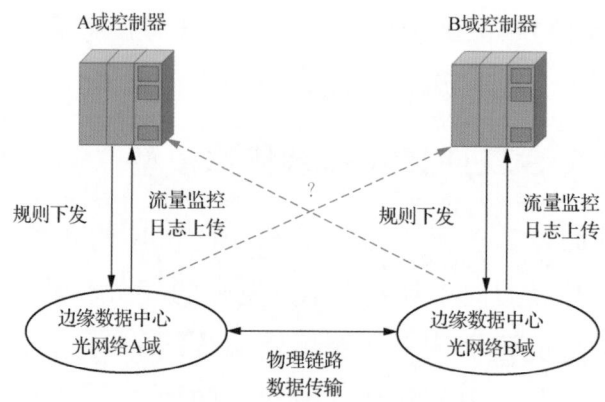

图 2-3　多域协作的网络场景下消息交互的关系

2.2.2　多维资源联合优化的跨域路由算法

跨域路由计算中可信路由共享手段的缺失，会使数据安全难以得到保障，基于区块链的跨域路由验证（Blockchain-based Collaboration Routing Verification，BlockCRV）方案能够解决这个问题。本小节介绍该方案中采用的多维资源联合优化的跨域路由算法。

分布式 SDEDCON 的多域协作中不仅涉及跨域可信问题，还需要综合考虑业务可能需要的无线资源与应用资源。因此，跨域路由算法既要在多域之间计算出可用路径，又要尽量降低资源耗尽、业务阻塞的可能性。BlockCtrl 中的分布式软件定义控制系统共识机制，能够帮助不同信任域之间就跨域路径达成共识，而其资源负载均衡机制能够协调多维资源负载，全局优化网络资源负载状况。基于上述机制，多维资源联合优化的跨域路由算法被提出。

下面以 BlockCRV 方案中，业务节点请求控制器分配应用资源并为数据包构建通路为例，介绍多维资源联合优化的跨域路由算法的具体执行过程，见算法 2-1。其中，U_n^c 表示应用服务器利用率矩阵，$C=\{c_1, c_2, c_3, \cdots\}$。设 T（src,b,c）为应用资源业务请求，其中

src、b 和 c 分别表示该请求的源点、数据传输所需的带宽，以及所需应用服务器的计算资源。首先，控制器从区块链账本当中获取最新的网络资源权重，构建虚拟资源辅助图，并根据资源辅助图数据独立地进行路由计算。然后，控制器根据全局评估因子 σ 的计算结果挑选出资源负载合适的候选服务器，并将对应的路由记入候选路由集 R 中。接着，共识组对候选路由集 R 进行路由共识。注意，这里的共识不是指 BlockCtrl 中对区块进行共识的过程，而是共识组通过区块链网络提供的可信交互共同对候选路由集进行验证并得出路由结果 r 的过程。得到最终路由结果后，各控制器对转发规则进行下发，并将承载了当前业务的资源负载状况更新到区块链中。

算法 2-1　多维资源联合优化的跨域路由算法

输入：虚拟资源辅助图 $G(V,V',L,L',F,F',A)$、业务请求 $T(src,b,c)$

输出：目标跨域路由集

1：获取各元素对应权重 W_n^R、W_n^O 及 W_n^U，构建虚拟资源辅助图

2：选择满足 $\sum_{s=1}^{K} U_n^C > c$ 的应用服务器中 W_n^U 最小的 K 个候选点

3：**for** $s = 1,2,\cdots, K$ **do**

4：　　求解 src 到 c_s 的路径中全局评估因子 σ 的最小值

5：　　**if** 无可到达路径 **then**

6：　　　退出

7：　　**else**

8：　　　将路由 R_s 记入候选路由集 R

9：　　**end if**

10：**end for**

11：共识组验证候选路由集 R，得出路由结果 r

12：**if** 成功 **then**

13：　　将 r 记为最终路由，并将 W_n^R、W_n^O 及 W_n^U 更新到区块链中

14：　　下发流表

15：**else**

16：　　路由计算失败，返回错误

17：　　退出

18：**end if**

2.2.3　多控制器跨域路由共识算法

本小节介绍为 BlockCRV 方案提供的两种多控制器跨域路由共识算法，它们可帮助 BlockCRV 方案在多域协作任务中安全地进行路由计算而不暴露任何隐私数据，分别是网络驱动的跨域路由共识（Network-driven Collaboration Routing Consensus，ND-CRC）算法，以及云驱动的跨域路由共识（Cloud-driven Collaboration Routing Consensus，CD-CRC）算法。

图 2-4 所示为 BlockCRV 方案中 ND-CRC 算法的交互过程。在跨域路由共识过程中，每个控制器都会通过基于区块链的身份服务功能生成并维护可信的访问身份，以在区块链网络中执行分布式可信通信。首先，假设跨域业务请求 T（src,b,c）通过域 1 到达控制器 1（C1）。根据该请求的需求，C1 首先计算域 1 的域内路径，选择全局评估因子 σ 最小的路由为最佳路由并将其添加到请求 T 中，然后将新的请求 $T_1=\{T,\mathrm{BF}_1\}$ 发送到相邻的、未进行路由计算的下一个控制器，其中 T 和 BF_1 分别是原始跨域业务请求及包含 C1 路由计算结果的候选路由集。C2 接收 T_1 之后同样进行域内路径的计算和选择，并将新的候选路由集添加到 T_1 中后传递给后续控制器。随后，C2 将自己计算得到的域内路由结果发送到拥有域 2 虚拟拓扑的 C1，C1 通过区块链账本中存储的域 2 的虚拟资源权重，对该结果进行验证，验证成功后将签名的验证结果返回给发起共识的控制器，表明已成功验证前一个域（C2）的域内路由结果。图 2-4 中，发起共识的控制器是 C1 本身。经过多轮计算—选择—传递—验证，所有域的域内路由都完成了计算与验证，且所有的域内路由验证结果都将返回 C1。C1 从分布式 SDEDCON 中的各个控制器接收到所有经过验证的路径，并将这些路径组合成一个可信的跨域路由，最后将该跨域路由以流表形式下发到数据层中的转发设备。

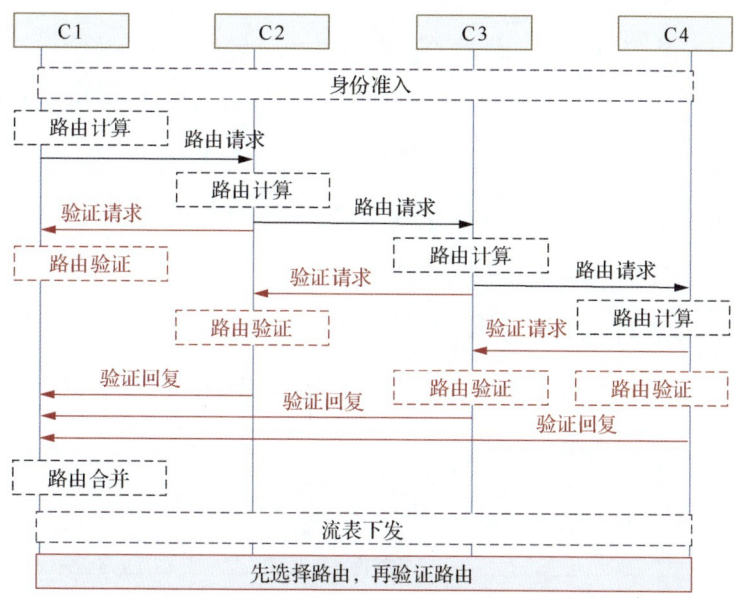

图 2-4　BlockCRV 方案中 ND-CRC 算法的交互过程

　　ND-CRC 算法适用于控制器承担了所有应用服务器相关任务的情况：控制器拥有关于网络的所有资源数据，可直接基于路径计算单元进行跨域路由计算。因此在 ND-CRC 算法中，每个控制器首先选择最佳域内路由，然后验证来自其他域的路由。

　　与 ND-CRC 算法不同，CD-CRC 算法适用于控制器对应用服务器的功能不敏感的情况，即控制器无法完全掌握应用服务器的资源情况。因此，CD-CRC 算法会采用先验证再选择路由的方式，留出足够多的路由选择空间以灵活地应对应用资源状况。在这种情况下，网络管理员会在组网时预设域间稀疏路由，为每个域提供进出端口。如图 2-5 所示，当发起跨域路由共识时，CD-CRC 算法会同时向每个控制器发送相应的路由请求。因为域间路由已经设定好，所以每个控制器在进行路由计算时无须考虑域间路由，并且控制器共识组可以同时计算和验证域内路由，这加快了路由过程。收到请求后，控制器将计算域内每个候选路由的全局评估因子 σ。随后，控制器将包含多个候选路径的路由验证请求发送到后续控制器，以完成路由验证。CD-CRC 算法中的路由验证方法与 ND-CRC 算法一致，只是它将验证过程从单条路径更改为多条路径，路由验证所消耗的时间会增加，但由于 CD-CRC 算法的整个跨域路由共识过程是并行的，因此是以验证处理时延交换了串联工作的排队时延。最后，发起请求的控制器接收到所有的候选路由集，通过比较每条路线全局评估因子 σ 的总和，从候选路由集中选择全局资源优化最佳的跨域路由进行下发。

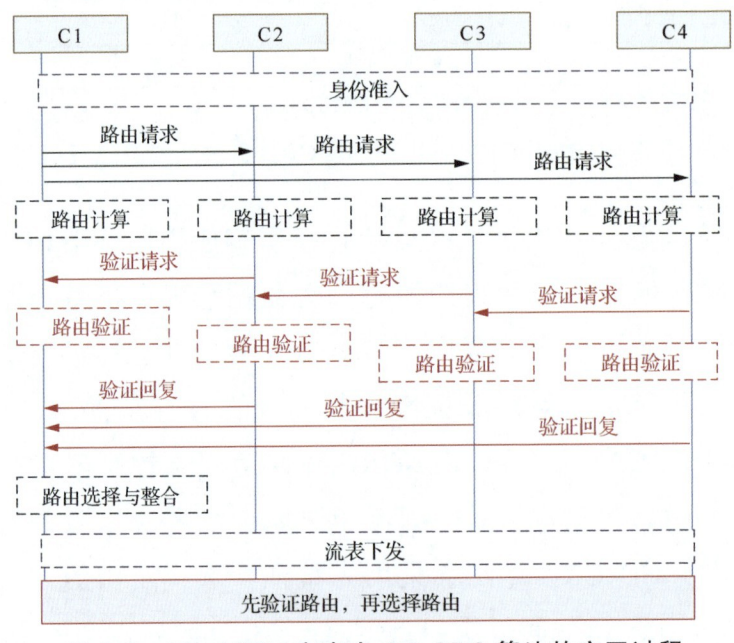

图 2-5 BlockCRV 方案中 CD-CRC 算法的交互过程

2.2.4 基于自适应布隆过滤器的跨域路由验证

BlockCRV 方案为跨域可信路由计算提供了可行的工作方案。该方案采用 ABF 记录跨域路由元素，并将其作为控制器间消息交互的数据载体，为拓扑数据提供了良好的保密性，并且通过哈希加密算法有效地减少了数据占用的内存。

1．ABF

在跨域路由共识过程中，准备验证路由的控制器在收到待验证路由集后，需要从区块链账本中获取与该路由集相关的当前虚拟网络资源权重。具体验证操作分为以下两步。

（1）基于资源权重与算法 2-1 求解并验证正确路由。

（2）判断正确路由所涉及的关于链路代号与权重的链路元素 $E(l_i, W_i)$ 是否存在于接收到的待验证路由集。

BlockCRV 方案采用 ABF 作为跨域路由验证的数据载体，不仅精简了跨域路由共识过程中传输的数据量，还消除了第三方窃取路由集信息的可能性。

经典的布隆过滤器是一个固定长度的比特串，每一位都是二进制数。每一位二进制数的变化由一定数量的哈希函数控制，每一个需要插入布隆过滤器的元素都会被这些哈希函数映射到比特串中并将相应的位设置为 1。经过不断的元素插入，最终该比特串会成为一个检索字典，通过对某个数据进行哈希映射并查看比特串中对应的位是否为 1，即可判断该数据是否存在于布隆过滤器中。由于布隆过滤器没有存放任何完整的数据，所以它实际上是一个单向累加器，任何人都无法从中编译出原始数据，因此它占用的内存很少。同时，通过若干次哈希计算即可进行内容检索，这比绝大多数大规模数据检索技术的检索速度都要快。但是，随着插入数据量的增大，布隆过滤器本身存在的错判率也会随之增加，即把不存在于布隆过滤器的数据判定成存在。当然，错判率的大小可以通过调整比特串长度与哈希函数的数量来控制。另外，由于单向累加不能删除元素，因此这种数据结构的使用场景比较受限。目前，布隆过滤器大多应用在大规模数据检索、黑名单检索等场景。

ABF 是经典布隆过滤器的改良方案，它的数据结构如图 2-6 所示。ABF 由 p 个用于存储数据的桶结构组成，每一个桶结构都连接着一个被分成 k_2 个部分的经典布隆过滤器。需要插入 ABF 中的数据 E_i 首先被转化为 k 比特的二进制数（$k=k_1+k_2$），前 k_1 比特通过 k_1 个哈希函数映射到 p 个桶中，后 k_2 比特通过 k_2 个哈希函数映射到上述 p 个桶所连接的经典布隆过滤器中。因此，与经典布隆过滤器相比，ABF 的体积呈平方级别增大了，能存储的数据量也大得多。更特别的是，由于后半部分布隆过滤器被分成了 k_2 个独立部分，因此在插入 ABF 的数据量超出预定大小时，为了将错判率保持在一个不影响工作的较低水平，每一个独立部分都可以根据需要进行单独扩容，其他部分的数据不会被改变。通过这种细粒度的扩容方法，ABF 能够适应各类未知数据规模的应用场景，并且能动态地适配数据的插入、检索需求。

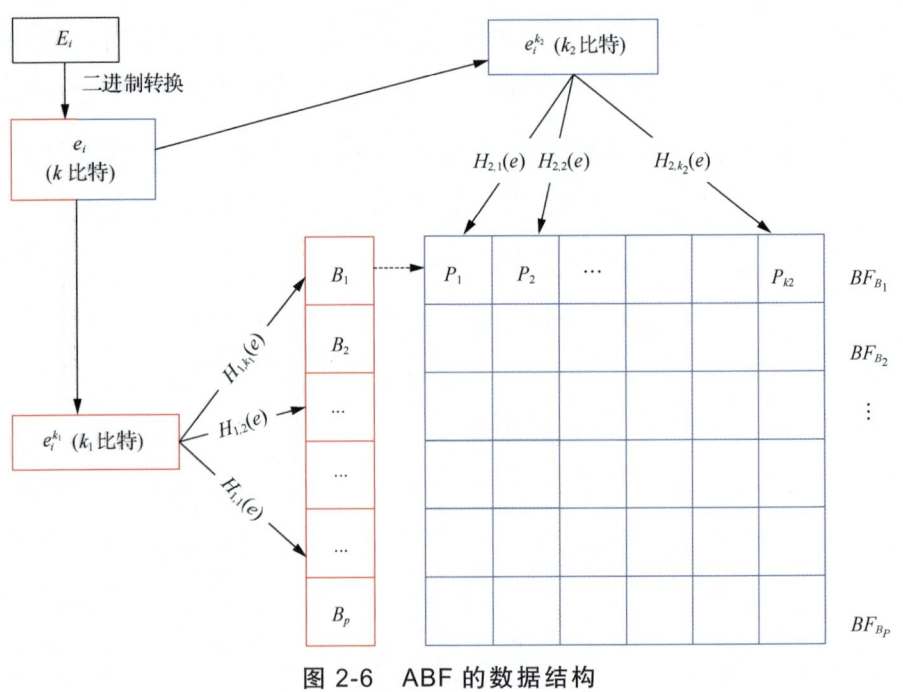

图 2-6 ABF 的数据结构

接下来，详细介绍 ABF 在跨域路由共识中的应用，主要包括

跨域路由元素 $E_i(l_i, W_i)$ 的插入过程，以及在路由元素集 $E = \mathrm{BF}\{E_1,$ $E_2, \cdots, E_n\}$ 集中判断某个跨域元素是否存在的检索过程。

2．路由元素集的插入过程

图 2-7 所示为将跨域路由元素插入 ABF 的详细过程。首先，每个跨域路由元素 E_i 都通过二进制转换函数转换为长度为 k 的比特串 e_i，并将其分为长度为 k_1 的 $e_i^{k_1}$ 和长度为 k_2 的 $e_i^{k_2}$，如式（2-1）所示。

$$E_i \mapsto e_i \mapsto \begin{cases} e_i^{k_1} \\ e_i^{k_2} \end{cases} \tag{2-1}$$

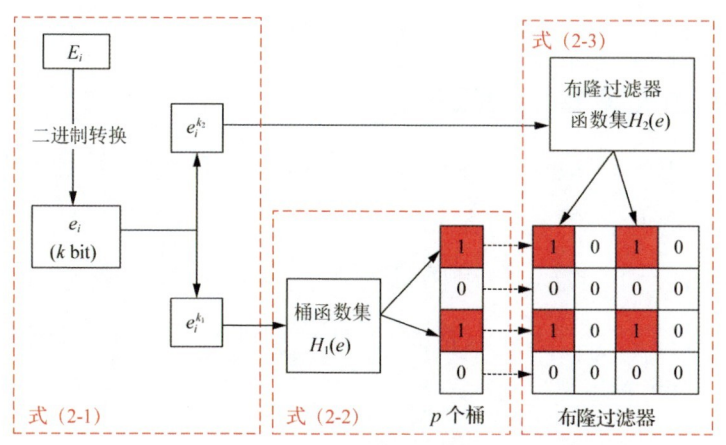

图 2-7　将跨域路由元素插入 ABF 的详细过程

在桶插入环节，包含 K_1 个哈希函数的桶函数集 $H_1(e)$ 将 $e_i^{k_1}$ 映射到 p 个桶中。每个哈希都会将映射到的桶的状态设置成 1。该环节存在一种特殊情况，如果被映射的桶状态已经是 1，则该桶的状态将保持不变。

$$\begin{cases} \bigcup_{j=1}^{K_1}[H_1\left(e_i^{k_1}\right) \mapsto B_j] \\ \sum_{j=1}^{K_1} B_j = 1 \end{cases} \tag{2-2}$$

在布隆过滤器插入环节，将使用包含 K_2 个哈希函数的布隆过滤器函数集 $H_2(e)$ 将 $e_i^{k_2}$ 映射到桶插入环节被设置为 1 的布隆过滤器中。与桶插入环节中被设置为 1 的桶连接的布隆过滤器被分为 k_2 个部分，每个哈希函数用于更新布隆过滤器的对应部分。

$$\begin{cases} {}_{c=1}^{K_2}[H_2\left(e_i^{k_2}\right)\mapsto P_c] \\ {}_{c=1}^{K_2}\mathrm{BF}_{B_j}[P_c]=1 \end{cases} \quad （2\text{-}3）$$

在多域 SDON 协作中，业务需求与网络规模复杂多变，因此布隆过滤器需要加载的路由元素集数据量无法定量，有可能会超过布隆过滤器的错判率阈值。在这种情况下，会自动将一个新的切片附加到该部分布隆过滤器中，以容纳更多跨域路由数据。新切片 s 的大小为 k / K_2。

3．路由元素集的检索过程

使用 ABF 的最大优点是能够快速检索集合中是否存在某个特定元素。负责验证的控制器只需对路由元素执行多次哈希操作并将其映射到布隆过滤器，即可验证接收到的跨域路由验证请求中路由数据的正确性。在 ABF 中检索路由元素的详细过程如图 2-8 所示，大致可分为两个步骤。

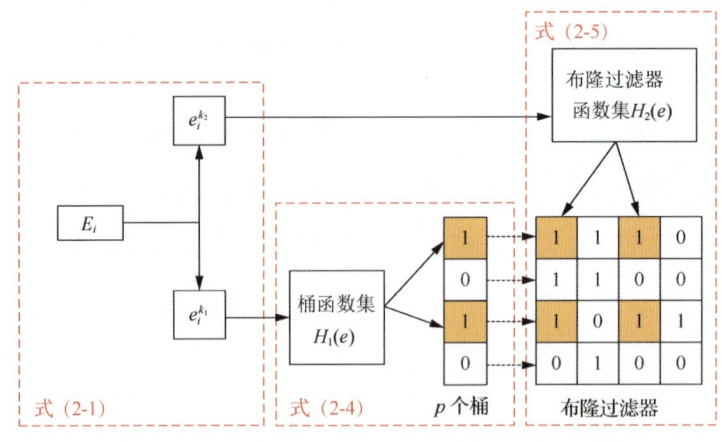

图 2-8　在 ABF 中检索路由元素的详细过程

第一步：首先，与插入过程一样，进行验证工作的控制器从底层网络中获取路由元素对应的权重值 E_x 并对其进行二进制转换，生成长度为 k 的 e_x；随后，通过包含 K_1 个哈希函数的桶函数集 $H_1(e)$ 将 e_x 前 k_1 比特映射到桶序列上，以确定路由数据位于 ABF 中的哪个具体布隆过滤器。如果这一步映射过程失败，映射到的桶状态不为 1，则判定该路由元素不在所提供的路由集中，跨域路由验证失败。若所有映射的位都为 1，则验证成功，进入第二步。

$$\begin{cases} \bigcup_{j=1}^{K_1}[H_1\left(e_x^{k_1}\right) \mapsto B_{u_j}] \\ \forall B_{u_j}\Big|_{j=1}^{K_1}, B_{u_j} == 1 \begin{cases} 为真 \Rightarrow 第二步 \\ 不为真 \Rightarrow 验证失败 \end{cases} \end{cases} \qquad （2\text{-}4）$$

其中，B_{u_j} 表示桶的状态。

第二步：关于桶序列的验证成功后，就可以进一步验证路由元素的存在。e_x 的后 k_2 比特将通过包含 K_2 个哈希函数的布隆过滤器函数集 $H_2(e)$ 映射在第一步选择的桶所连接的布隆过滤器中。如果与所选择的桶相连的布隆过滤器存在额外的切片，那么所有的切片都应该进行检索，直到检索到元素存在为止。仅当检索到的所有桶和布隆过滤器的状态均为 1 时，才会认定该路由元素存在于路由元素集中。

$$\begin{cases} \bigcup_{c=1}^{K_2}[H_2\left(e_x^{k_2}\right) \mapsto G_c] \\ \forall_{s_x} G_c\Big|_{c=1}^{K_2}, G_c == 1 \begin{cases} 为真 \Rightarrow 验证成功 \\ 不为真 \Rightarrow 验证失败 \end{cases} \end{cases} \qquad （2\text{-}5）$$

其中，G_c 表示布隆过滤器的状态。

在两个验证步骤都成功之后，进行验证工作的控制器确定其他域提供的路由元素集中存在已验证的路由元素，证明该域提供了正确的跨域路由结果。如图 2-8 所示，只有当所有黄色的位均为 1 时，路由元素检索才会被认定是成功的。

2.3　仿真结果分析

本节基于 BlockCtrl 对 BlockCRV 方案中的两种路由共识算法进行仿真与分析，并与其他常规路由算法进行性能比较，以研究其可行性与技术优势。

2.3.1　仿真环境与评价指标

该实验模拟了时长为 6h、数据量总计达 7.6GB 的跨域业务请求，对跨域可信路由模型进行验证。业务请求的到达时间服从泊松分布，并且源宿点完全随机。该实验将网络分为 4 个信任域，由 4 个 SDON 控制器组成的控制器集群进行分布式控制，分布式控制架构采用 BlockCtrl。由于本次仿真实验主要针对路由算法进行仿真，因此架构中省略了数据层实际节点的部署，重点关注控制层在业务路由计算中的性能对比。

在软件层面上，该实验主要部署了 4 个 Docker 容器，以模拟控制器及用于提供区块链服务的 Hyperledger Fabric 平台。这 4 个 Docker 容器作为共识组，组成联盟链网络。本章介绍的 BlockCRV 方案将通过智能合约的形式部署到各个 Docker 容器中。各个模块组成了一个基于区块链的多域 SDON 协作网络，对 BlockCRV 方案的网络运行性能与路由检测性能进行仿真。

2.3.2　网络运行仿真分析

本小节对 ND-CRC 算法和 CD-CRC 算法这两种跨域路由共识算法的网络性能进行比较，并解释造成差异的原因。

该实验对不同流量负载场景下这两种算法的平均路由错误率进行了评估，结果如图 2-9 所示。实验结果表明，CD-CRC 算法中控制器的平均路由错误率小于 ND-CRC 算法。下面通过比较这两种

CRC 算法的路由错误率,详细说明这两种算法之间的差异及其带来的影响。在跨域路由共识的过程中,ND-CRC 算法中的控制器首先选择路径,其次为路由验证提供最佳路径。一旦控制器发生计算错误或路径验证失败,将被视为路由出错。相反地,在 CD-CRC 算法中,控制器提供用于路由验证的路由元素集,在大多数情况下,验证者可从中获得可行的路由。因此,在 CD-CRC 算法中,先验证路由再选择路径的方法为路由计算和验证提供了容错能力,因此平均路由错误率小于 ND-CRC 算法。

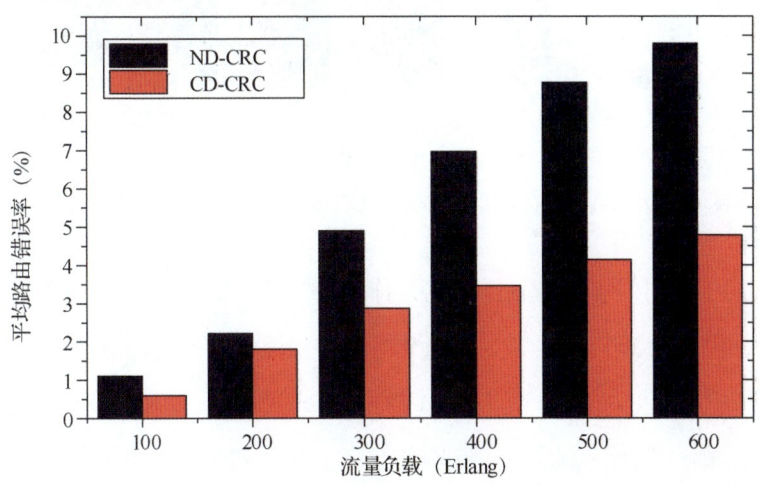

图 2-9　ND-CRC 算法和 CD-CRC 算法的平均路由错误率比较

　　ND-CRC 算法和 CD-CRC 算法的资源利用率比较如图 2-10 所示。由图可见,CD-CRC 算法在资源利用方面优于 ND-CRC 算法,并且在网络负载繁重的情况下优势更加明显。产生这种现象的原因与平均路由错误率相似。CD-CRC 算法中的控制器最后执行路径选择和全局路由组合时,获得最终验证的候选路由集的控制器可以从全局角度选择更具成本效益的多域路由,因此资源的负载均衡做得更好。ND-CRC 算法是一种先执行路径选择再验证路由正确性的算法,它仅考虑一个域中的负载平衡,因此在全局资源负载均衡方面的性能要比 CD-CRC 算法差。

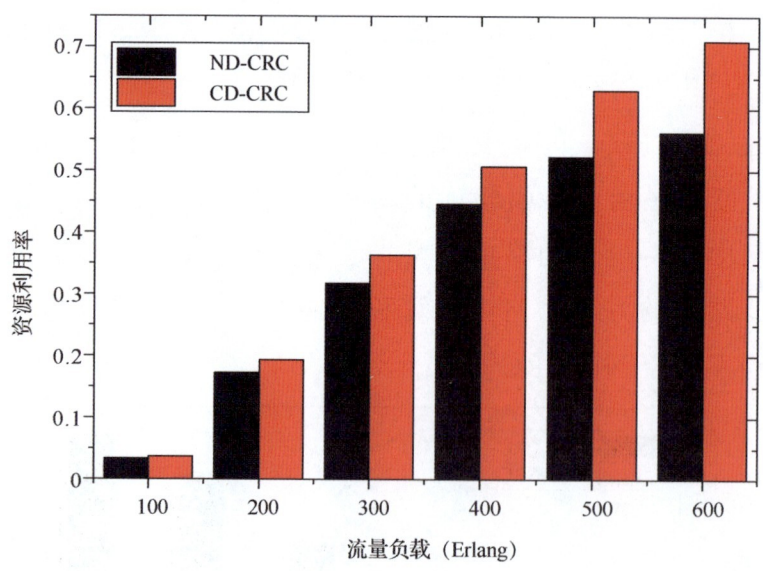

图 2-10　ND-CRC 算法和 CD-CRC 算法的资源利用率比较

　　图 2-11 所示为多域 SDON 协作任务中 ND-CRC 算法和 CD-CRC 算法的路径提供时延比较。由图可见，ND-CRC 算法可以在网络规模较小时更快地为业务提供跨域路由。但是，随着域数量的增加，ND-CRC 算法的路径提供时延比 CD-CRC 算法增加得更快，并且当网络具有 4 个域时，CD-CRC 算法的路径提供时延更小。两种 CRC 算法的路径提供时延主要由路由计算和路由验证产生。从图 2-4 与图 2-5 中可以看到，两种 CRC 算法的路由验证部分大致相同，因此它们由路由验证产生的时延不会有太大差异。因此，可以推断出两种 CRC 算法之间的路由提供时延差距主要发生在路由计算过程中。一方面，当网络规模较小时，ND-CRC 算法需要的路径计算操作较少，操作时间短，因此路径提供时延较小。另一方面，当网络规模较大时，CD-CRC 算法由于并行执行路由计算，所以节省了大量的信令和排队时延，因此路径提供时延更短。

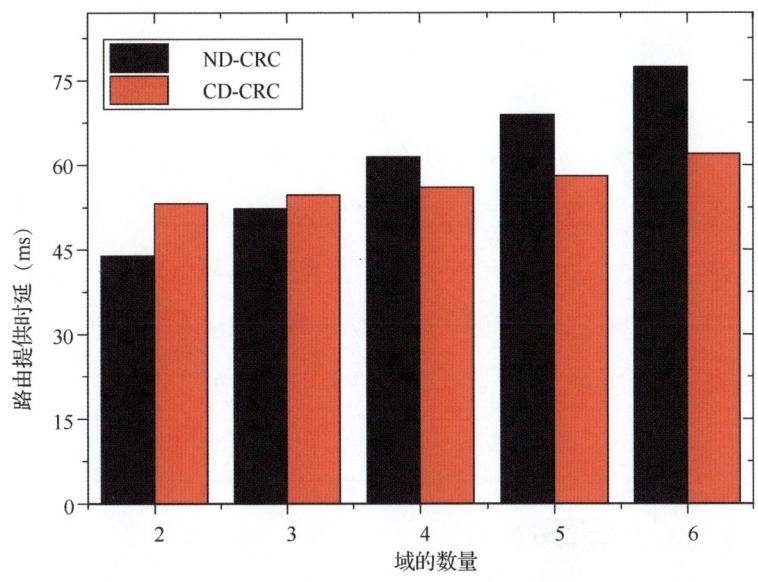

图 2-11 ND-CRC 算法和 CD-CRC 算法的路径提供时延比较

2.3.3 路由检测仿真分析

面对不断增长的网络规模和业务数据量，多域 SDON 协作还必须考虑路由错误检测性能。本小节通过错误检测时延来评估 ND-CRC 算法和 CD-CRC 算法的错误检测性能。这两种 CRC 算法都基于资源权重来计算路由，这与目前主流的 Dijkstra 算法不同。Dijkstra 算法是当前通信网络中使用最广泛的路由算法，可以基于最短径计算满足大多数网络拓扑中的路由计算需求，尤其是网状和链状拓扑。因此，该实验选择 Dijkstra 算法进行比较，以代表目前主流的路由计算算法。

图 2-12 所示为 ND-CRC 算法、CD-CRC 算法及 Dijkstra 算法的路由错误检测时延比较。由图可见，在错误检测时延方面，两种 CRC 算法的表现明显优于 Dijkstra 算法。这是因为 CRC 算法可以在路由共识过程中检测到错误路由，而 Dijkstra 算法只能从当前流量状态检测错误路由，不会通过域间协作进行路由验证。对比

ND-CRC 算法和 CD-CRC 算法可以发现，CD-CRC 算法在错误检测时延方面具有明显的优势。这是因为 CD-CRC 算法使用并行方法进行路径计算和验证，可以在分布式路由共识中更快地检测到错误。另外，随着业务负载的增加，ND-CRC 算法使用的串行路由计算方法会积累大量排队时延。因此，两种 CRC 算法在低流量负载下错误检测时延的差距与图 2-11 所示路径提供时延的差距相似，但是在高流量负载下，这两种算法的错误检测时延会拉开较大差距。

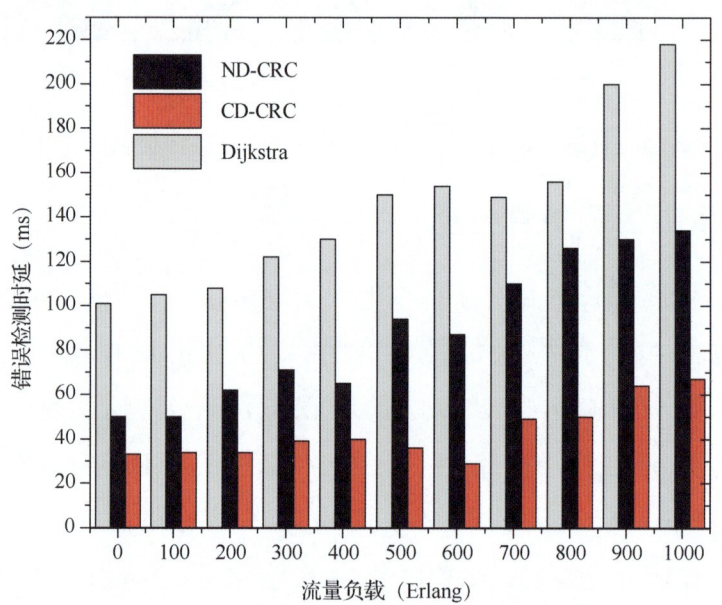

图 2-12　3 种算法的路由错误检测时延比较

2.4　本章小结

本章首先从当前 SDON 控制面临的问题中总结了控制架构的具体技术需求，介绍了一种基于区块链的边缘数据中心光网络可信控制架构——BlockCtrl。随后，分析了该架构的具体网络组成、功能模块及区块链技术在其中发挥的主要作用，介绍了基于区块链的跨域路由验证（BlockCRV）方案，并提供了两个多控制跨域路由共识算法，对多域 SDON 协作中的跨域路由进行全局共识验证。其中，采用了 ABF 作为跨域路由验证的具体数据载体，借助其单向检索、内存占用少、自适应扩容等特点为 SDON 多域协作提供了高效的跨域路由验证手段。最后，基于 Hyperledger Fabric 搭建了基于区块链的多域 SDON 实验平台，从网络运行性能与路由检测性能两个方面对本章介绍的跨域可信路由算法进行了验证与分析。

第3章 边缘数据中心内突发流量
预测与调度技术

在边缘数据中心光网络场景下，由于用户需求的多样性和异构性，数据流量同时包含了稳定流量和突发流量，难以得到有效调度。此外，当前的流量调度算法大部分针对电交换数据中心设计，不适合光交换数据中心的复杂结构，这会导致频繁的突发流量拥塞和性能下降。为了解决上述问题，本章首先介绍能够实现高精度突发流量预测的误差反馈脉冲神经网络（Error Feedback-Spiking Neural Network，EF-SNN）框架。然后，在此基础上，介绍一种适用于混合光/电边缘数据中心光网络的流量调度算法来处理频发的突发流量。一方面，EF-SNN 框架可以通过模仿生物神经元系统显著地提升突发流量特征的提取能力。另一方面，基于预测的流量调度算法可以使用全局评估因子和流量缩放因子来调度预测后的流量。仿真结果表明，本章介绍的 EF-SNN 框架可以有效地集成到流量调度方案中，并表现出令人满意的性能。

3.1 突发流量调度原理

电交换数据中心架构的有限带宽和数据交换能力促使运营商考虑使用混合光/电交换数据中心架构。在混合光/电交换数据中心中，电交换机和光交换机都被用来处理各种机架间的流量。

作为混合光/电交换数据的开创性工作，边缘数据中心光交换架构如图 3-1 所示。它是在数据中心中加入光电路交换机（Optical Circuit Switch，OCS）来增强边缘数据中心的交换能力[23]。OCS 可以有效地解决边缘数据中心带宽资源不足的问题，可以根据实际需要动态调整拓扑结构，从而大大提高了应用程序的灵活性。

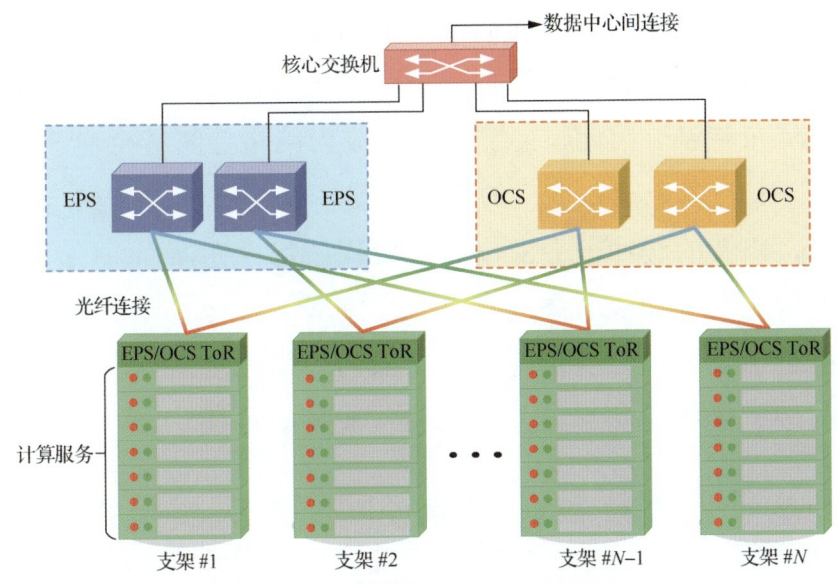

图 3-1　边缘数据中心光交换架构

通常，OCS 的优势在于它依靠光交换网络提供的高带宽和网络资源的动态配置来有效地降低网络复杂性。但是，由于光交换网络是面向连接的，因此会不可避免地引入配置时延，这将影响对时延敏感的突发流量。因此，全光互连会降低流量的吞吐性能。在可预见的未来，混合光/电交换数据中心架构仍将是研究的重点。

混合光/电交换数据中心可以通过机架顶部（Top of Rack，ToR）交换机有序地将异构流量调度到不同的交换平面[24]。具体来说，稳定的流量将被传输到粗粒度的 OCS 中，而突发流量将被传输到快速变化的电包交换机（Electronic Packet Switch，EPS）[25]。对于大多数流量负载，与传统数据中心相比，这种混合交换结构可以提供更好的性能，且成本、复杂度及能耗都更低。

然而，混合交换平面的突发流量调度仍然存在一些挑战[26-27]。对于混合光/电交换数据中心，突发流量占机架间流量的 90%以上，其中相当一部分的持续时间仅约数毫秒。而且，在边缘数据中心场景下，用户行为会随着时间而改变，流量模式也在不断发展，并且变得越来越难以追踪。流量与应用程序配置文件紧密相关，难以提取突发流量特征。因此，突发流量已成为网络拥塞甚至崩溃的主要原因。当来自多个输入端口的突发流量一次全部汇聚到同一个输出端口时，EPS 的缓冲区会溢出并触发程序包丢弃操作。

本章主要介绍一种基于人工智能的算法，该算法可在混合光/电交换边缘数据中心实现跨交换平面的突发流量预测，并对神经网络结构进行优化，能够充分提取突发流量的特征。

3.2　基于误差反馈脉冲神经网络的突发流量预测

本节介绍基于 EF-SNN 的突发流量预测算法。该算法结合脉冲神经网络（Spiking Neural Network，SNN）多突触机制，采用了误差反馈模块，可以降低预测流量与实际流量间的误差。

3.2.1　脉冲神经网络

SNN 是人工神经网络（Artificial Neural Network，ANN）的重要变体。表 3-1 所示为 ANN、SNN 和 EF-SNN 的区别。大多数成功的 ANN 模型都基于处理连续模拟信号的神经元。然而，这样的连续模拟信号忽略了这样一个事实：大脑神经元接收并传输的是二进制脉冲信号。在最近几十年中，二进制脉冲信号的建模与公式化在模拟人脑的信号处理方面取得了重大进展。并且，时间序列数据本质上与二进制脉冲信号相同，二者都是离散的数据类型。因此，给定一个时间序列数据，SNN 的计算速度和功耗将大大降低。这是因为 SNN 的每个神经元仅在接收到脉冲信号时才需要激活，无须进行复杂的递归计算。

表 3-1　ANN、SNN 和 EF-SNN 的区别

比较项	ANN	SNN	EF-SNN
神经元	非线性函数神经元	LIF	LIF
输入	空间连续	时间离散	时间离散
输出	整数或浮点数	二进制（0、1）	二进制（0、1）
连接	单连接	多突触机制	多突触机制
权重	非线性更新	膜电位更新	膜电位更新
激活函数	非线性	没有	没有
学习规则	反向传播	STDP、梯度下降	误差反馈模块
理论来源	数学推导	生物启发	数学推导+生物启发

然而，脉冲的特性限制了基于梯度下降的训练方法的应用。关于 SNN 的大多数研究都采用脉冲时序依赖可塑性（Spike Timing Dependent Plasticity，STDP）规则来优化脉冲神经模型。这是一种生物学机制，可根据它们的相关活动来更新每个连接的权重。许多研究表明，STDP 规则可用于 SNN 中的有监督训练或无监督训练。但是，STDP 规则在深层神经结构中表现不佳，尤其是在突发流量预测中。除此之外，传统的监督学习规则在训练神经网络时要求神经元必须可微分，但脉冲神经网络的脉冲特质限制了监督学习规则的广泛应用。

3.2.2　误差反馈脉冲神经网络框架

EF-SNN 框架的目标是将历史流量 $x(t)$作为输入，并预测下一个时间步长的流量。为了简化表述，本节将预测的流量表示为 y。训练数据是一个 5 维时间序列，包括流量的源端口、目标端口、带

宽要求、到达时间和持续时间。

EF-SNN 框架中的神经元是带泄漏整合发放（Leaky Integrate-and-Fire，LIF）神经元。这些 LIF 神经元通过可塑前馈连接，并且具有随机的初始权重。

为了让神经元准确提取流量特征，第 i 个神经元的脉冲序列被线性解码为 h_i。因此，结果的输出分量 α 的流量为

$$y_\alpha = \sum_i d_{\alpha i}(h_i * \upsilon) \tag{3-1}$$

其中，$d_{\alpha i}$ 表示输出权重；υ 表示低通滤波；$h_i * \upsilon$ 为积分，表示 h_i 与 υ 卷积。

$$\upsilon(t) \equiv e^{(-t/\tau_f)} / \tau_f \tag{3-2}$$

其中，τ_f 表示滤波器的时间常数。

在具有 N_j 个神经元的第 j 个隐藏层中，第 l 个脉冲序列 $h_{lj}(t)$ 可以表示为

$$h_{lj} = \sum_\alpha w_{lj\alpha} x_\alpha + \sum_\alpha k e_{i\alpha}(\zeta_\alpha * \upsilon) + b_{lj} \tag{3-3}$$

其中，$w_{lj\alpha}$ 表示随机权重，$k e_{i\alpha}$ 表示误差反馈权重，b_{lj} 表示偏差，ζ_α 表示输出层中的训练误差，常数 k 表示输出误差的增益（$k > 0$）。每个隐藏层的神经元总数 N_j 远大于输入神经元。

本节后续内容采用 LIF 神经元作为处理单元。第 l 个神经元的膜电位 v_l 是驱动突触后电流 h_{lj} 的低通滤波器：

$$\tau_m \frac{dv_l}{dt} = -v_l + h_{lj} \tag{3-4}$$

其中，τ_m 是膜电位的时间常数。要让神经元被激发，需要膜电位 v_l 超过激发阈值。随后，神经元膜电位的不应期被重置为 0。

3.2.3　多突触机制

令 $j = 1, 2, \cdots, m$ 表示完全连接的神经元。与传统神经网络的单连

接神经元传导方式不同，SNN 具有多个突触连接，被称为多突触机制。也就是说，两个脉冲神经元之间存在多个突触连接。图 3-2 所示为 SNN 的多突触机制，该结构模仿了人脑的多层结构。

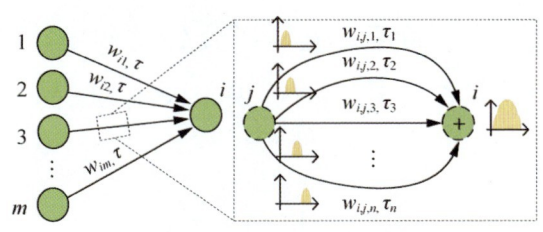

图 3-2　SNN 的多突触机制

此外，每个突触连接具有不同的传输时延 τ_p 和可更改的连接权重 $w_{i,j,p}$。多个时延和权重的存在可以提高神经网络的突发特征提取能力。

当输入脉冲 x_i 到达第 l 个神经元时，膜电位 v_l 增加。如果此后未接收到新的输入，则 v_l 以指数形式衰减至 0。相反，如果神经元在 v_l 衰减为 0 之前接收到新的脉冲信号，则 v_l 会叠加在该神经元上。一旦 v_l 超过阈值 v_{th}，就会触发一个新的脉冲，如图 3-3 所示。脉冲由多个具有不同时延和权重的相同突发特征组成。每个突触单独计算具有不同权重和时延的小突发特征。这些小突发特征可以被放大并叠加到下一个神经元中，从而使其更易于提取。

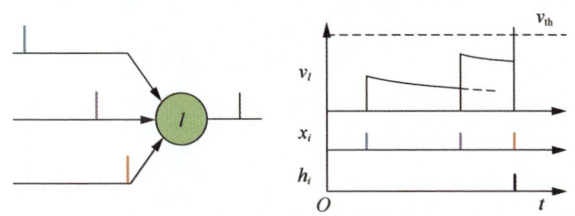

图 3-3　多突触机制的原理示意

此外，因为 v_l 衰减为 0，所以它在脉冲增长过程中不会影响较大的流量特征。该神经元进入不应期后，新的脉冲对 v_l 的影响较小。

3.2.4 误差反馈模块设计

本小节介绍一种误差反馈模块，它可以确保预测的流量始终接近实际流量，从而减少训练误差。在传统学习模型中，预测流量 y 和实际流量 y' 之间没有联系。在误差反馈结构中，预测流量和实际流量通过误差反馈模块连接。训练误差表示为 $\zeta = y' - y$，预测流量表示为

$$y = w\zeta = w(y' - y) \Rightarrow y = \frac{w}{w+1}y' \approx y' \tag{3-5}$$

对于较大的 w，预测流量大约等于实际流量 y'。误差 $\zeta = y'/(w+1)$ 驱动脉冲活动并影响 SNN 的预测精度。因此，对于每个分量 α，预测误差的反馈可使预测流量 y_α 接近实际流量 y'_α。

当误差反馈模块打开时，SNN 的隐藏层权重 w_i 将更新如下：

$$w_i = \eta(I_i^\zeta * \upsilon^\zeta) \tag{3-6}$$

其中，η 表示学习速率（随时间变化数分钟），υ^ζ 表示具有随机时间常数的指数衰减滤波器内核，I_i^ζ 表示每个隐藏层的误差。对于每个神经元，所有连接的误差项 $I^\zeta * \upsilon^\zeta$ 都是相同的。

由于有误差反馈模块，在常数 $k \gg 1$ 的情况下，预测流量会逐渐接近实际流量。初始误差很大，由于 SNN 无法提取足够的特征，并且该误差驱动训练模型根据式（3-6）更新权重。因此，在训练开始时不会打开误差反馈模块。经过充分训练后，SNN 的误差逐渐接近 0，就可以高精度地预测突发流量，并且不再需要误差反馈模块反馈的误差。

由于 SNN 的训练是随着时间而发生的，因此可以在脉冲的时间信息中检索二进制代码中丢失的信息，这能够自然地处理时间序列数据而不会增加额外的复杂度，从而使 SNN 更适合流量预测。此外，EF-SNN 的计算复杂度为 $O(n\log m)$。其中，n 表示每个隐藏

层中的隐藏单元数，m 表示隐藏层数。因此，EF-SNN 的性能满足了实践中在线训练的局限性。

在训练阶段，误差反馈模块具有两个功能：在 SNN 模型中传播每个神经元的误差，以及将实际流量定向到误差模块。当出现训练误差时，传统的训练方法很难对 SNN 实施奖励或惩罚。在 EF-SNN 框架中，预测流量会紧随实际流量的趋势。因此，可以将误差直接反馈给权重，从而能够使用简单的学习规则来更新权重。

3.3　基于突发流量预测的流量调度算法

混合光/电交换数据中心的流量拥塞主要是由瞬时突发流量与 EPS 的有限交换能力引起。本节首先介绍全局评估因子，以实现突发流量评估，然后介绍流量缩放因子，以确定在最坏情况下突发流量经 OCS 或 EPS 进行交换的最佳比例。

3.3.1　全局评估因子

在获得高精度的突发流量预测结果后，每个源节点 j 将流量与归一化的全局评估因子 σ_j 关联，其中 $\sum_j \sigma_j = 1$。全局评估因子考虑了可能影响流量调度的 3 个因素：预测误差、资源，以及交换节点的容量。预测误差用于测量实际流量到达时间与预测结果之间的偏差。混合光/电交换数据中心的资源通常可以分为应用资源（CPU 使用率和 RAM 利用率）和传输资源（每个候选路径的带宽和跳数）。

式（3-7）的第一项表示预测参数，该参数通过定义相关系数来表征所考虑的时间段内的流量预测总误差。由于要查看总体流量而不是单个节点的预测结果，因此相关系数可以全面地衡量每个预测周期内的预测准确性。t_{pq} 表示第 q 个预测流量的到达时间，μ_p 表示具有不同时隙的 t_{pq} 的数值中心，t' 表示流量的实际到达时间。此项是负值，因此该值越大，预测值越接近实际值，结果越准确。如果预测结果出现较大偏差，则需要调整此值的权重，并根据当前资源利用率判断交换节点。

$$\begin{aligned}\sigma=[&-\frac{E\left[t_{pq}t'\right]-\mu_p\left(t_{pq}\right)\mu_p\left(t'\right)}{\sqrt{D\left[t_{pq}\right]}\sqrt{D\left[t'\right]}}\beta\\&+\frac{\sum\limits_{q=1}^{G}(\int_{t_1}^{t_H}\left|R_{pq}\left(t\right)-R\left(t\right)\right|dt+\int_{t_1}^{t_H}\left|D_{pq}\left(t\right)-D\left(t\right)\right|dt)}{G(\int_{t_1}^{t_H}R\left(t\right)dt+\int_{t_1}^{t_H}D\left(t\right)dt)}]\gamma\\&+\frac{\sum\limits_{q=1}^{G}\int_{t_1}^{t_H}\left|Q_q\left(t\right)-Q\left(t\right)\right|dt}{G\int_{t_1}^{t_H}Q\left(t\right)dt}(1-\beta-\gamma)\end{aligned}\qquad(3\text{-}7)$$

式（3-7）的第二项表示混合光/电交换数据中心的资源参数，它从全局的角度描述了资源消耗。其中，R 表示应用程序资源的总数，R_{pq} 表示第 q 个预测流量所需的应用资源，D 表示传输资源的总数，D_{pq} 表示第 q 个到达预测流量所需的传输资源，G 表示预测流量的数量，H 表示实际总流量。

式（3-7）的第三项表示交换端口容量，它可以全面地测量一条链路中 EPS 和 OCS 的承载能力。其中，Q 是数据中心的整体交换容量，Q_q 表示 EPS 或 OCS 所需的交换容量。全局评估因子的伪代码如算法 3-1 所示。

算法 3-1：全局评估因子

输入：t'、t_{pq}、R、R_{pq}、D、D_{pq}、Q、Q_q

输出：最优全局评估因子 σ_j

```
1：初始化全局评估因子
2：从 EF-SNN 中获得预测结果
3：for 每个节点
4：    计算预测误差
5：    计算现有的网络资源
6：    if ∑Rₚq(t′)>∑R(t)
7：        计算 EPS 的 Qq
8：    else
9：        计算 OCS 的 Qq
10：    计算最优全局评估因子 σⱼ
11：end for
12：return σⱼ
```

此外，式（3-7）中 $0<\beta<1$ 和 $0<\gamma<1$，表示上述 3 种具有不同流量需求的因子的比例因子。全局评估因子同时考虑了流量预测的准确性和全局资源利用率，从而说明了预期的流量到达和需要保留的资源。

3.3.2　流量缩放因子

本小节介绍流量缩放因子 θ，它可以优化最坏情况下的流量调度。在计算了全局评估因子之后，将具有流量缩放因子 θ 的业务发送到目标节点。流量变化缓慢（以秒为单位）的部分被定义为稳定流量，并用矩阵 $\boldsymbol{S}$ 表示，其中 s_{ij} 表示节点 i 和节点 j 之间的稳定流量。流量的动态部分称为突发流量（以微秒为单位），用矩阵 $\boldsymbol{Z}$ 表示，其中 z_{ij} 是节点 i 和节点 j 之间的突发流量。令 N 表示实际流量的总和。使用 $N \times N$ 维流量矩阵 $\boldsymbol{P}$ 表示混合光/电交换数据中心中的归一化流量，并使用 p_{ij} 表示节点 i 和节点 j 之间的瞬时流量。此外，将流量矩阵的速率定义为流量矩阵的最大值，表示为 $f(\boldsymbol{P})=\max_i\left\{\sum_j p_{ij}, \sum_j p_{ji}\right\}$。只有当 $f(\boldsymbol{P}) \leqslant 1$ 时，才能调度 $\boldsymbol{P}$ 中的流量。

为了计算 σ_j，考虑突发流量矩阵 Z 满足 $f(S+Z)\leqslant 1$ 的情况，记为 Z_S。在这种情况下，可以调度突发流量矩阵。此外，为避免回送问题，假设所有 s_{ii} 和 z_{ii} 均为 0。如式（3-8）所示，当 $Z\in Z_S$ 时，使用 $f_i=1-\sum\limits_j s_{ij}$ 和 $g_i=1-\sum\limits_j s_{ji}$ 表示开关容量。

$$\begin{cases} \sum\limits_j z_{ij}\leqslant f_i & \forall i \\ \sum\limits_j z_{ji}\leqslant g_i & \forall i \end{cases} \quad （3\text{-}8）$$

从式（3-8）可以发现，中间节点的流量为 $\sum\limits_k \sigma_j z_{ik}=\sigma_j\sum\limits_k z_{ik}\leqslant\sigma_j f_i$，目的节点的流量为 $\sum\limits_k \sigma_j z_{kj}=\sigma_j\sum\limits_k z_{kj}\leqslant\sigma_i g_j$。因此，在节点 i 和节点 j 之间调度的流量受到 $\sigma_j f_i+\sigma_i g_j$ 的限制。

定理 考虑具有满足 $f(S+Z)\leqslant 1$ 的稳定流量矩阵 S 和突发流量矩阵 Z 的混合光/电交换数据中心的流量调度。对于任何可调度流量矩阵 P，$S+\theta Z$ 中的最大流量缩放因子 θ 为

$$\theta=1-\frac{1}{1+\sum\limits_i (\min\{f_i,g_i\}/(U-f_i-g_i))} \quad （3\text{-}9）$$

其中，$U=\sum\limits_i f_i$，表示突发流量的上限。

证明 如果当前流量矩阵的流量缩放因子为 θ，则节点 i 与节点 j 之间的总突发流量可记为 $\theta(\sigma_j f_i+\sigma_i g_j)$。为了稳定流量调度算法，不能使源节点或目标节点过载。因此，有

$$\begin{cases} \sum\limits_{j\neq i}[s_{ij}+\theta(\sigma_j f_i+\sigma_i g_j)]\leqslant 1 & \forall i \\ \sum\limits_{j\neq i}[s_{ji}+\theta(\sigma_i f_j+\sigma_j g_i)]\leqslant 1 & \forall i \end{cases} \quad （3\text{-}10）$$

在式（3-10）中，假设将流量发送到节点本身时任何步骤都没有开销。此外，注意到 $\sum\limits_j s_{ij}=1-f_i$、$\sum\limits_j s_{ji}=1-g_i$，混合光/电交换数据中心的剩余容量表示为 $U'=\sum\limits_i f_i=\sum\limits_i g_i$。

根据式（3-10）可得

$$\sigma_j \leqslant (\frac{1}{\theta}-1)\sum_i (\min\{f_j,g_j\}/(U-f_j-g_j)) \qquad \forall j \qquad （3-11）$$

对于每个 $\sum_j \sigma_j = 1$ 的全局评估因子 σ_j，将式（3-11）求和，并得出最坏情况下的流量缩放因子 θ^* 和全局评估因子 σ_j^*：

$$\theta^* = 1 - \frac{1}{1+\sum_i (\min\{f_i,g_i\}/(U-f_i-g_i))} \qquad （3-12）$$

$$\sigma_j^* \leqslant (\frac{1}{\theta^*}-1)\sum_i (\min\{f_j,g_j\}/(U-f_j-g_j)) \qquad \forall j \qquad （3-13）$$

一旦通过式（3-12）和式（3-13）确定了流量缩放因子和全局评估因子，则将预测流量称为静态流量。流量缩放因子的伪代码如算法 3-2 所示。

算法 3-2：流量缩放因子

输入：稳定流量矩阵 S、突发流量矩阵 Z、σ_j、可调度流量矩阵 P、流量矩阵速率 $f(P)$

输出：最坏情况下的流量缩放因子 θ^*、调度流量

1：计算每个节点的 f_i 和 g_i

2：计算节点 i 和节点 j 之间的总流量

3：**for** 每个节点

4：计算 $\sigma_j f_i + \sigma_i g_j$

5：确定流量缩放因子 θ 的最大值

6：计算 $U = \sum_i f_i$

7：计算最佳 σ_j

8：**end for**

9：计算最优全局评估因子 $\sum_j \sigma_j$

10：**for** $\sum_j \sigma_j = 1$ 的所有全局评估因子 σ_j

11：计算最坏情况下的流量缩放因子 θ^* 和全局评估因子 σ_j^*

12：**end for**

13：运行 BvN 分解算法以确定交换矩阵

14：**for** 每个时隙

15：建立源节点和目的节点之间的互连
16：调度流量至目的节点
17：**end for**

基于突发流量预测的流量调度算法可以采用伯克霍夫-冯·诺依曼（Birkhoff-von Neumann，BvN）分解算法来实现流量调度。在 BvN 分解算法中，可以将 $N \times N$ 维的流量矩阵分解为 $(N-1)^2$ 个交换矩阵。给定流量矩阵 $\boldsymbol{P}$，可以通过添加一些条目值将其写为双随机矩阵 $\boldsymbol{P'}$。在 $\boldsymbol{P'}$ 上执行 BvN 分解算法是一种电路调度方法，可用于调度静态流量矩阵。此外，BvN 分解算法适用于混合光/电交换数据中心的动态流量，因为可以通过高精度预测提前知道流量矩阵。

但是，在执行基于突发流量预测的流量调度算法时，BvN 分解算法的计算复杂度就可能高达 $O(N^3)$，这是无法实际应用的。但是，仅当静态流量的比例发生变化时，执行基于突发流量预测的流量调度算法才重新计算流量缩放因子与执行 BvN 分解算法。在执行了 BvN 分解算法后，每个交换节点选择下一个要使用的交换矩阵，并且所有交换节点都可以适应结果。因此，BvN 分解算法的复杂度降低为 $O(N)$。此外，如果把全局评估因子的计算量增加进去，基于突发流量预测的流量调度算法的总计算复杂度为 $O(N\log N)$。

在混合光/电交换数据中心，假设点对点和端对端流量都可以从数据中心的基础结构中获取，则不考虑将路由方案用于流量调度。在基于突发流量预测的流量调度问题中，考虑了流量调度和网络资源分配。具体而言，基于突发流量预测的流量调度算法中考虑了两个目标：最小化路径阻塞概率和最大化资源利用率。路径阻塞概率被定义为混合光/电交换数据中心的总拒绝流量与总输入流量之比。资源利用率被定义为分配的总资源（包括应用程序资源和传输资源）与从混合光/电交换数据中心派生的综合资源之比。

3.4　仿真结果分析

本节通过仿真实验证明 EF-SNN 和基于突发流量预测的流量调度算法的优势。首先介绍 EF-SNN 的性能，以确定用于突发流量预测的适当参数配置。然后，从降低路径阻塞概率或增加资源利用率的角度出发，介绍基于突发流量预测的流量调度算法在最坏情况下对突发流量调度的增益。

3.4.1　仿真设置

本实验搭建了由 10 个 5×400Gbit/s OCS 节点和 16 个 40×25Gbit/s EPS 节点组成的大型胖树混合光/电交换数据仿真平台。在该数据中心内，将 10,000 台服务器划分为 320 个机架。出于负载平衡和网络可靠性的原因，每个机架顶部连接到具有 100Gbit/s 链路的聚合层中的两个交换节点。EPS 和 OCS 的重构时间分别设置为 1μs 和 1ms。流量定义为从源节点到目标节点的机架间的数据传输量。本小节考虑了两种不同的流量类型，即突发流量和稳定流量。突发流量从一个源节点传输到一个或多个目标节点，并且持续时间为 1～100ms。稳定流量的特点是点对点传输，持续时间为 1s～10min。

本实验的数据样本来自部署在北京的 3 个大学数据中心，为 2019 年 7 月每隔 5min 从上述数据中心收集的数据包头信息。由这些数据样本构成的数据集包括超过 57,124,000 个流，总大小为 7.1GB。在将它们导入预测变量之前，所有样本都进行了时间编码，并按 7：2：1 的比例分为训练数据集、验证数据集和测试数据集。

表 3-2 所示为 EF-SNN 的参数设置。Adam 算法被用来优化学习率。为了确定 EF-SNN 的最佳结构，本实验进行了一系列控制变

量测试，以选择隐藏层的数量以及每层中的单元数。测试结果表明，具有最佳预测精度的结构由 5 个输入层单元和 6 个隐藏层组成。各隐藏层的单元数从下到上分别为 1024、5120、3072、3072、2048、4096。实验结果表明，打开误差反馈模块后，EF-SNN 能够保持稳定。

表 3-2　EF-SNN 的参数设置

参数	数值	参数	数值
膜时间	15ms	神经元连接数	20
不应期	1ms	小批量值	120
过滤时间	120ms	预测窗口大小	11
潜在阈值时间	25ms	实际处理时间窗口	180ms
兴奋电导时间	10ms	间隔时间窗口	180ms
抑制膜电位	−74mV	绝对耐火时间	1ms
膜电位阈值	−35mV	输入层单元数	5
静息膜电位	−94mV	隐藏层数	6
最小初始权重	0	学习率	0.005
最大初始权重	0.01	训练时间	100,000s（约 28h）

表 3-3 所示为本实验中用于流量预测和流量调度的比较算法。其中，用于流量预测的比较算法包括：深度神经网络（Deep Neural Network，DNN）、LSTM 网络和 SNN。为了严格控制实验变量，这种比较算法都使用与 EF-SNN 相同的超参数（见表 3-2）。除了 DNN 和 LSTM 网络的激活函数为 Sigmoid 外，其他算法均使用相同的训练样本。每种算法的学习规则都不同。DNN 和 LSTM 网络采用了反向传播算法，SNN 采用了 STDP 算法。

表 3-3　本实验中用于流量预测和流量调度的比较算法

类别	算法名称	描述
流量预测	DNN	与 EF-SNN 的架构一致
	LSTM 网络	与 EF-SNN 的架构一致
	SNN	没有误差反馈机制

续表

类别	算法名称	描述
流量调度	首次适应	根据到达时间将突发流量调度到 EPS
	优先级适应	根据优先级将突发流量调度到 EPS
	随机适应	突发流量被随机调度到 EPS 或 OCS

3.4.2　流量预测模型性能分析

为了验证多突触机制和误差反馈模块可以使神经网络学习突发流量的各种特征，本小节进行了 3 个实验，以证明 EF-SNN 的有效性。

图 3-4（a）～图 3-4（c）所示分别为训练时间内，EF-SNN 在突发流量预测中的输入、输出和误差。误差反馈模块在训练的前 8s 和后 8s（以垂直灰线为界）期间已关闭。在最初的 8s 中关闭该模块，可以保持较小的初始隐藏层权重，并且保持从 SNN 解码的输出恒定为 0。当误差反馈模块以相对较大的输出增益（$k=20$）关闭时，神经元会通过考虑误差反馈模块的训练错误来更新权重。因此，如图 3-4（c）所示，一旦误差反馈模块打开，训练误差会立即降低。误差反馈模块在 9950s 关闭后，随着训练的继续，训练误差继续降低。因此，即使关闭误差反馈模块，EF-SNN 也能在学习之后生成高精度的预测结果。在图 3-4 中，EF-SNN 还展示出对稳定流量的预测结果，该结果也能够满足稳定流量的高精度预测需求。

窗口大小（输入样本）和预测步长（输出）对流量预测的准确性至关重要。较小的窗口无法为模型输入提取足够的特征，而较大的窗口会增加不必要的噪声和计算复杂度。本小节介绍预测结果随窗口大小的变化，以选择优化的窗口和预测步长。预测准确度是通过均方根误差（Root Mean Square Error，RMSE）来计算的。如图 3-5 所示，基于误差反馈的 SNN 在窗口为 11 时实现了最高的预测准确度。

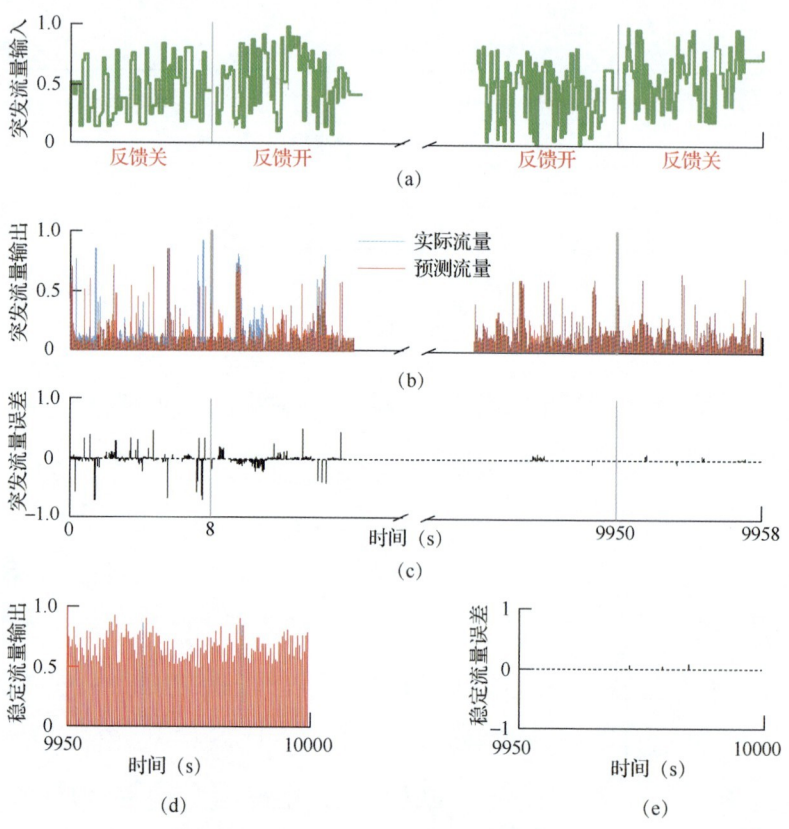

图 3-4 EF-SNN 预测性能仿真结果：（a）突发流量输入；（b）突发流量输出（预测结果）；（c）突发流量误差；（d）稳定流量输出（预测结果）；（e）稳定流量误差

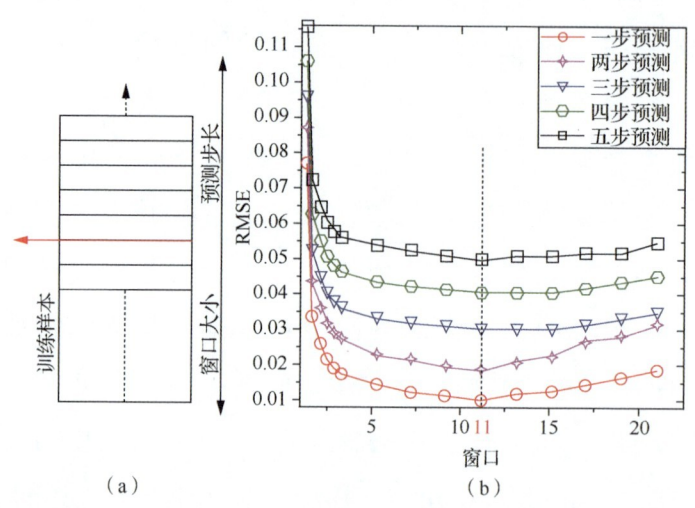

图 3-5 预测结果：（a）窗口大小和预测步长；（b）不同窗口下不同步长的 RMSE

图 3-6 所示为 EF-SNN、DNN、LSTM 网络和 SNN 的预测准确度对比。可以看出，EF-SNN 优于其他算法。这是因为，首先多突触机制可以增强突发流量的特征提取能力，预测准确度不易受到突发流量的影响。其次，误差反馈模块可以减少输入和输出之间的误差，从而使 EF-SNN 保持稳定。如图 3-6 所示，没有误差反馈模块帮助的 SNN 的预测效果较差。

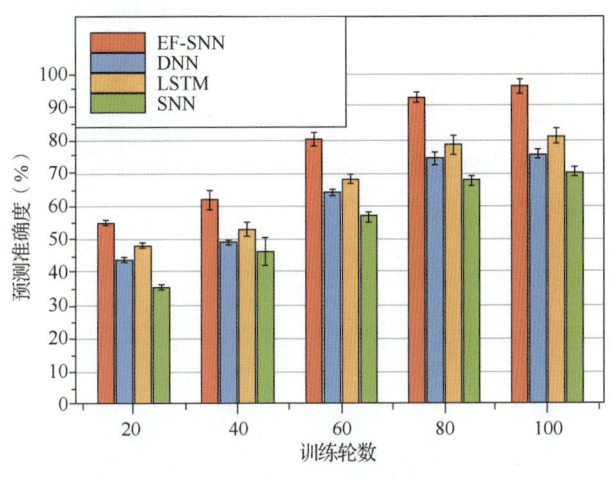

图 3-6　多种算法的预测准确度

3.4.3　基于突发流量预测的流量调度算法性能分析

本小节利用基于突发流量预测的流量调度算法在混合光/电交换数据中心启动流量调度过程。在所有情况下，都使用相同的数据集进行调度。流量请求是随机设置的，带宽范围是 50～500Mbit/s，每台服务器的资源利用率是随机分配的，范围是 0.1%～1%。

图 3-7 和图 3-8 分别比较了基于突发流量预测的流量调度、首次适应流量调度、优先级适应流量调度和随机适应流量调度这 4 种算法的路径阻塞概率和资源利用率。当平均流量负载低于1500Erlang 时，基于突发流量预测的流量调度算法和优先级适应流量调度算法的路径阻塞概率小于 0.05，而首次适应流量调度算法和

随机适应流量调度算法的路径阻塞概率是不可接受的。当平均流量负载大于 2100Erlang 时，3 种对比算法的路径阻塞概率显著增加，这导致它们在最坏情况下的总流量调度能力下降。

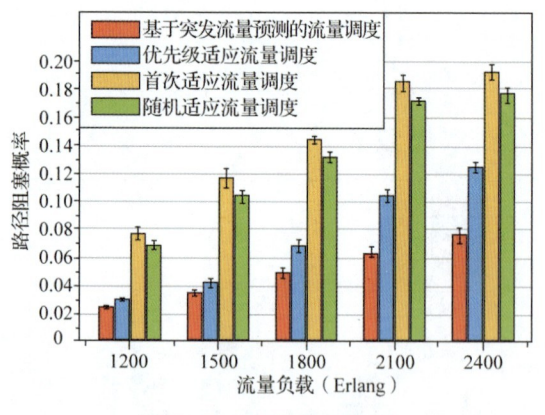

图 3-7　路径阻塞概率

图 3-8 表明，在资源利用率方面，基于突发流量预测的流量调度算法优于 3 种对比算法。原因是随机适应流量调度算法随机地调度突发流量，首次适应流量调度算法按照到达网络的顺序进行流量调度，而优先级适应流量调度算法始终优先调度高优先级的流量。可以看出，在胖树网络拓扑中，基于突发流量预测的流量调度算法的路径阻塞概率和资源利用率均优于 3 种对比算法。

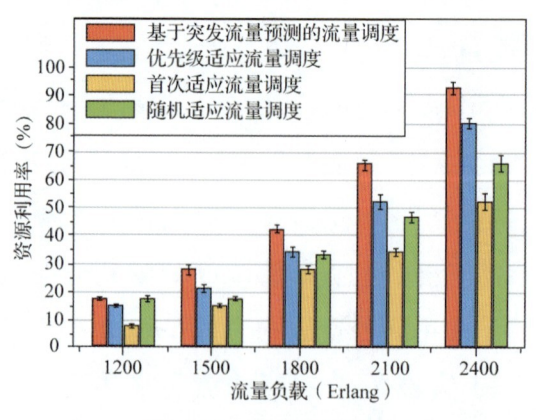

图 3-8　资源利用率

3.5　本章小结

本章介绍了一种 EF-SNN 框架，用于突发流量预测。该框架依赖两种生物机制——多突触机制和误差反馈机制，可以提高突发流量预测的准确性。同时，介绍了一种基于突发流量预测的流量调度算法来高效地调度突发流量。通过调整突发流量进入 OCS 和 EPS 的最佳比例，该算法可以在最坏的情况下最大化突发流量的吞吐量。

第4章 边缘数据中心间长期流量预测与调度技术

　　随着移动通信、边缘计算和其他高比特率数据中心应用的迅速发展，高效而灵活的资源分配已成为边缘数据中心间网络的基本需求之一[28]。目前主流的研究成果证明，流量预测可以为边缘数据中心间网络提供智能的资源分配方案。然而，传统基于递归的预测过程会产生累积误差，这导致其流量预测准确性较低，直接限制了资源分配效率。

　　作者所在团队利用一步长期流量预测来减小预测误差，并基于流量预测结果设计了资源分配算法。首先，本章介绍多时间间隔特征学习网络（Multiple Time Interval Feature-Learning Network，MTIFLN）模型，它可用来处理一步长期流量预测任务。通过把 5 个双向循环神经网络（Bidirectional-Recurrent Neural Network，B-RNN）集成到一个框架中，MTIFLN 模型可以提取具备不同时间间隔的流量特征。随后，介绍一种基于长期流量预测的资源分配（Long-term Traffic Prediction-based Resource Allocation，LTP-RA）算法，它可结合全局评估因子对流量预测的效率进行评估，并结合流量的优先级为即将到来的流量预留充足的资源。仿真结果表明，MTIFLN 模型可以准确地预测超过 24h 的流量，而 LTP-RA 算法可以使边缘数据中心间网络更有效地利用网络资源。

4.1　边缘数据中心间网络流量预测

根据流量的预测步长的不同，数据中心间网络的流量预测可以分为短期流量预测和长期流量预测两种类型。如果数据中心运营商以短步长（5min 或更短）预测流量，可以优化本地的流量调度。如果数据中心运营商预测长期流量（几小时到几天），则可以从整体上避免流量拥塞，从而进一步提高资源分配的效率。诸如 Twitter 和 Facebook 等社交网络服务运营商可以在热点事件发生之前的几小时内预测数据的爆发式增长，并提前为未来的流量"洪流"预留资源[29-31]。

对于长期流量预测问题，当前的主流方案是采用多步预测的方法。这种方法是将每一次预测的结果作为模型的输入，用来对下一个时间步长进行预测。例如，若想预测接下来 10min 的流量，通常会先开发出一个单步 5min 的预测模型。该模型将用于预测前 5min，然后该预测结果将作为预测下一个 5min 的输入。尽管多步预测的方法可以获取长周期的预测结果，但它会导致累积误差的产生。随着预测时长的增加，累积误差会导致预测准确度迅速下降。除了累积误差，还有两个原因导致一步长期流量的预测准确度较差。

首先，由于数据中心间网络流量中的大部分（超过 80%）是短期流量，持续时间在几分钟内。但是，总流量的 80%以上是由高带宽的长期流量承载的（如数据迁移和数据上传），并且这些高带宽业务会持续几小时。而传统的短期学习方法专注于短期的流量，不能完全提取长期流量特征。其次，传统的预测模型是按时间前向提取流量特征，这导致在训练过程中，部分特征可能会被滤除或无法有效地提取。因此，必须考虑向后的特征以补充丢失的信息。

为了完成长期流量预测的挑战性任务，本节首先介绍 MTIFLN 模型，它可以将多个 B-RNN 模型集成到一个框架中。在多次重采样过程之后，MTIFLN 模型可以从向前/向后两个方向提取长期流量特征。然后，根据模型的流量预测结果及当前的网络资源状态，介绍 LTP-RA 算法。仿真结果表明，MTIFLN 模型可以有效地提高长期流量预测的准确性，而 LTP-RA 算法可以有效地利用网络资源。

4.2　问题分析及系统模型

本节介绍数据中心间网络流量模型。为了精确地提取长期流量特征，本节还会介绍基于时间间隔的重采样过程，并对该过程进行误差分析。

4.2.1　数据中心间网络流量模型

边缘数据中心是通过骨干光网络在地理上分布和互连的，所以数据中心间网络的拓扑表示为 $G(V,E)$，其中 V 和 E 分别表示节点和链接的集合。给定一个时间序列 $(t_1,t_2,\cdots,t_n)$，将时间 t_i 处的流量表示为 $T_i(s_i,d_i,k_i,t_{pi},\eta_i)$，其中 s_i 和 d_i 分别表示源端口和目标端口，k_i 表示带宽要求，t_{pi} 表示到达时间，η_i 表示流量的持续时间。定义流量发生在给定的源端口和目标端口之间，并且该网络中的所有数据中心都可以为该流量提供服务。在此，总流量信息可以表示为每个采样时间的 M 维矢量 $\boldsymbol{T}=(T_1,T_2,\cdots,T_M)$，其中 M 表示流量数。因此，对于每个时间节点 t_i，都有一个 M 维矢量作为 B-RNN 的输入。目标是预测 $(T_{M+1},T_{M+2},\cdots,T_{M+m})$，其中 $m=1,2,3,\cdots$。

另外，由于工作日和周末的流量特征有一定差异，流量波峰的到达时间并不相同。因此，该模型将历史流量分为工作日流量和周末流量，并分别对其进行训练。表 4-1 展示了与数据中心间网络流量模型相关的符号定义，包括流量模型、流量预测和资源分配过程中的符号。

表 4-1　与数据中心间网络流量模型相关的符号定义

符号	定义	符号	定义
$G(V,E)$	网络模型	x	MTIFLN 模型的输入
$\boldsymbol{T}$	原始流量集	y	MTIFLN 模型的输出
$\boldsymbol{T}'$、$\boldsymbol{T}''$、$\boldsymbol{T}'''$	重采样流量集	h、h'	不同方向的隐藏层输出
t'	实际流量到达时间	H	B-RNN1 的输出
t_{p}	预测流量到达时间	H'、H''、H'''	B-RNN2、B-RNN3、B-RNN4 的输出
η	流量持续时间	W^{*}	不同神经网络层的权重矩阵
s	流量的源端口	b	神经网络的偏差
d	流量的目标端口	b_{in}	LSTM 网络输入门的偏差
k	流量的带宽要求	b_{f}	LSTM 网络遗忘门的偏差
M	流量数	b_{out}	LSTM 网络输出门的偏差
v、p、q	重采样流量数	b_{c}	LSTM 网络存储单元的偏差
R_{c}	CPU 使用率	R	应用程序资源总量
R_{u}	RAM 利用率	R_{p}	预测流量所需的应用程序资源
B_{1}	每个候选路径的带宽	S	运输资源总量
H_{1}	每个候选路径的跳数	S_{p}	预测流量所需的运输资源
σ	全局评估因子	β	预测参数和资源参数的调节比例
μ	预测流量的数值中心	τ	R_{c} 和 R_{u} 的调节比例

4.2.2　基于时间间隔的重采样过程

为了准确地提取长期流量特征，在原始数据中以 3 个不同的时间间隔（30min、1h 和 2h）执行 3 个重采样过程。这些时间间隔是从工程经验出发选取的，并且考虑了训练效率和预测准确性。过短的重采样间隔无法完全提取长期流量特征，而过长的重采样间隔会减小样本大小并导致过拟合。

在重采样过程中，提取 3 个矢量 $\boldsymbol{T}' = (T'_{1}, T'_{2}, \cdots, T'_{v})$、$\boldsymbol{T}'' =$

$(T''_1, T''_2, \cdots, T''_p)$ 和 $\boldsymbol{T'''} = (T'''_1, T'''_2, \cdots, T'''_q)$，其中 v、p 和 q 是时间间隔分别为 30min、1h 和 2h 的重采样数量。每个矢量表示重采样过程后的流量。利用这些重新采样的矢量，将 B-RNN 的输入转换为 $\boldsymbol{T}$、$\boldsymbol{T'}$、$\boldsymbol{T''}$ 和 $\boldsymbol{T'''}$ 这 4 个新序列。重新采样后训练数据的缺失值采用线性插值法来填补，并确保所有训练矢量具有相同数量的样本。

为了避免流量的部分原始特征被忽略，使用 B-RNN 提取这些无序数据的特征。独特的双向结构允许 B-RNN 从向前和向后两个方向提取全局上下文特征。

为了保证上述方法的有效性，下面针对流量的重采样过程进行误差分析。在特征提取过程中，通常将预测误差分解为偏差项和方差项。偏差项衡量的是预测模型与实际流量数据的近似程度，当预测模型没有足够的能力来提取特征时，偏差项会很大。方差项衡量预测模型的泛化能力，当模型对历史流量数据中的抽样误差进行建模的能力过强时，方差项会很大。

对于具有不同时间间隔的训练数据集，模型的拟合度也不相同。因此，当模型适合不同的重采样训练集时，可以获得相应的方差。重采样和整合训练集的过程可能会扰乱训练数据并增加流量特征的多样性。由于所有训练集都是从同一个数据集中重采样的，因此在重采样和集成后方差将减小。如果采用堆叠式架构，并使用具有高特征提取能力的预测变量，则预测结果的偏差会很小，而方差也很小。综上，本小节介绍的方法并不会引入新的误差。

4.3 多时间间隔特征学习网络模型

当需要提取流量的整个上下文背景信息时，需要分层的双向预测解决方案。另外，预测模型应该在相对较长的时间内（如业务的持续时间）保存流量模式，以增强长期特征提取能力。为了预测更准确的长周期流量，本小节介绍 MTIFLN 模型。

如图 4-1 所示，MTIFLN 模型包含 4 个具有不同时间间隔的特征提取模块。对于每个模块，首先将重采样后的流量数据导入 B-RNN1、B-RNN2、B-RNN3 和 B-RNN4。这些 B-RNN 用于从历史流量数据中提取不同的时间特征。随后，由 B-RNN1、B-RNN2、B-RNN3 和 B-RNN4 生成的输出被传递到 B-RNN5。B-RNN5 可以提取历史流量数据的全局时变特征并预测未来的流量。

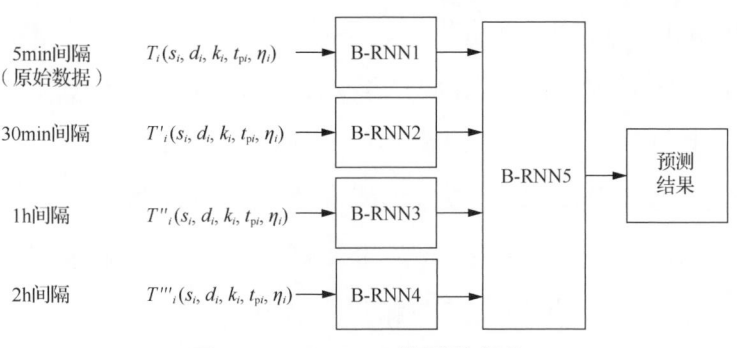

图 4-1　MTIFLN 模型的架构

4.3.1　B-RNN 模型

为了从历史流量数据中提取出长期特征，图 4-1 所示架构的主要部分采用了 LSTM 网络。LSTM 网络是 RNN 的一种变体。在 LSTM 网络中，RNN 的隐藏层由 LSTM 单元替换，该单元还包含输入 $x(t)$ 和输出 $h(t)$。每个 LSTM 单元都有一个输入门 $\mathrm{in}(t)$、一个遗忘门 $f(t)$、一个输出门 $\mathrm{out}(t)$ 和一个存储单元 $c(t)$。这种独特的门控制架构（尤其是遗忘门），有助于 LSTM 单元提取流量的长期特征。LSTM 单元的相应输出 $h(t)$ 可以根据式（4-1）～式（4-6）计算。

$$\mathrm{in}(t) = \mathrm{sigm}(W_{x,\mathrm{in}}x(t) + W_{h,\mathrm{in}}h(t-1) + b_{\mathrm{in}}) \tag{4-1}$$

$$f(t) = \mathrm{sigm}(W_{x,f}x(t) + W_{h,f}h(t-1) + b_f) \tag{4-2}$$

$$\mathrm{out}(t) = \mathrm{sigm}(W_{x,\mathrm{out}}x(t) + W_{h,\mathrm{out}}h(t-1) + b_{\mathrm{out}}) \tag{4-3}$$

$$\hat{c}(t) = \tanh(W_{x,c}x(t) + W_{h,c}h(t-1) + b_c) \tag{4-4}$$

$$c(t) = \text{in}(t)\Theta\hat{c}(t) + f(t)\Theta\hat{c}(t-1) \qquad (4\text{-}5)$$

$$h(t) = \text{out}(t)\Theta\tanh(c(t)) \qquad (4\text{-}6)$$

其中，W 是不同神经网络层的权重矩阵，它在不同的层中是不同的；b 是偏差；Θ 表示点积。

LSTM 单元的隐藏状态为 $(c(t), h(t))$。长期序列数据保存在 $c(t)$ 中，输出门用于更新序列数据，而遗忘门用于过滤掉无用的信息。

B-RNN 的训练通过将前向/后向 LSTM 层与随时间反向传播（Back Propagation Through Time，BPTT）算法结合来实现。B-RNN 可以先通过两个单独的 LSTM 单元在向前和向后的方向上处理流量数据，再将两个隐藏层的输出连接到同一输出层。BPTT 算法的训练过程分为 3 个步骤。首先，计算每个前向 LSTM 层和后向 LSTM 层的输出 $h(t)$。然后，计算来自重采样过程和神经网络的误差值。最后，获得隐藏层和误差值的输出后，可以更新权重的梯度。

具体来说，给定流量数据 $(x_1, x_2, \cdots, x_M)$，可以获得前向 LSTM 层的隐藏状态 $h(t)$。类似地，如果将流量数据输入后向 LSTM 层，则可以获得另一个隐藏状态 $h'(t)$。$h(t)$ 和 $h'(t)$ 被视为来自不同方向的隐藏序列数据的不同表达式。因此，每个 B-RNN 的隐藏层输出为

$$H(t) = \frac{1}{k}\sum_{i=1}^{k}[h_i(t) + h_i'(t)] \qquad (4\text{-}7)$$

该结果会被导入全连接层，以进行最终流量预测。

为了获得令人满意的预测结果，模型的初始化很有必要。首先，从零均值高斯分布中提取标准偏差为 0.01 的随机值，然后用该随机值来初始化 LSTM 层的权重矩阵 W 和逻辑回归层。除了遗忘门，所有偏差都被初始化为 0。在训练开始时，将遗忘门的偏差 b_f 设置为较高的值（5），以确保重要信息不会丢失，并且长期序列数据可以得到更好的训练。此外，LSTM 层的隐藏状态也被初始化为 0。优化步骤对 B-RNN 也是必不可少的。本节使用了 Adam 优化算法，该算

法可以根据训练数据迭代地更新权重。这些初始化和优化策略可以大大减少模型对计算资源的需求，缩短收敛时间，提高训练效率。

4.3.2　MTIFLN 模型的框架

如图 4-2 所示，MTIFLN 模型的框架中有 5 个 B-RNN。其中，B-RNN1、B-RNN2、B-RNN3 和 B-RNN4 用来提取重采样数据的长期特征和短期特征。这些 B-RNN 的输出被导入 B-RNN5 中，以进行全局特征学习和流量预测。此外，B-RNN1、B-RNN2、B-RNN3 和 B-RNN4 不仅可以提取流量特征，还可以统一 B-RNN5 的样本大小，因为 4 个通道输入的样本量不同。因此，可以使用 MTIFLN 模型融合并提取多个时间间隔特征。

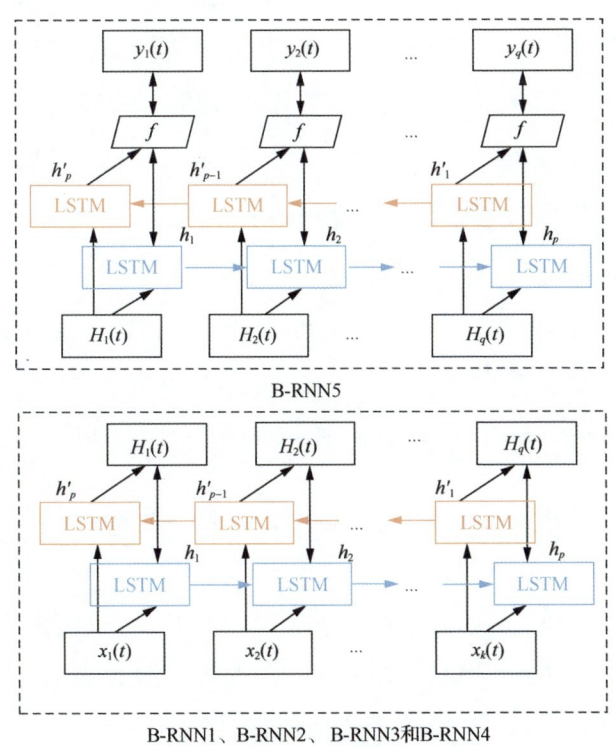

图 4-2　MTIFLN 模型中的 B-RNN

B-RNN1、B-RNN2、B-RNN3 和 B-RNN4 均具有前向、后向两

个 LSTM 层。B-RNN5 也具有两个 LSTM 层，后面是用于预测的输出层。B-RNN1 的输入是没有进行重采样的原始数据，以保证原始的短期特征被保留。为了提取长期特征，将重采样的流量数据输入 B-RNN2、B-RNN3 和 B-RNN4，采样的时间间隔分别为 30min、1h 和 2h。整合不同 B-RNN 的输出，并为 B-RNN5 生成新的训练数据集。假设 B-RNN1、B-RNN2、B-RNN3、B-RNN4 的输出分别为 $H(t)$、$H'(t)$、$H''(t)$、$H'''(t)$，B-RNN5 的输入是上述 4 个输出的积分。图中，f 是 Sigmoid 激活函数。B-RNN5 的最终输出是一个序列，即 $(y_1(t), y_2(t), \cdots, y_q(t))$，它们是流量预测的结果。

MTIFLN 模型的计算复杂度为 $O((K+1)mn)$，其中 K 表示重采样数，m 表示隐藏层节点数，n 表示输入层节点数。考虑到 MTIFLN 模型的计算复杂度高于传统的预测算法，需要采用几种数据预处理方法来加速预测器的训练，包括数据缩减和数据清理。数据缩减是从大量原始流量数据信息中选择了 5 个要素。数据清理是修改内容缺失的样本，并手动删除噪声数据，以生成用于流量预测的、完整且一致的样本。

本章使用 MTIFLN 模型来捕捉训练数据集的长期特征。堆叠的体系结构可以从具有不同时间间隔的训练数据集中提取长期特征，并且 B-RNN 能够充分考虑流量数据的上下文信息。

4.4　基于长期流量预测的资源分配算法

本节介绍 LTP-RA 算法，该算法可以提高边缘数据中心间网络的资源利用率，并可以根据预测结果和现有的资源来计算到达流量的优先级，并为即将到来的流量预留资源。

LTP-RA 算法考虑了影响流量调度过程的 3 个重要因素，包括流量的到达时间、应用资源（CPU 使用率 $R_c(t)$ 和 RAM 使用率 $R_u(t)$）

和传输资源（每个候选路径的带宽 B_l 和跳数 H_l）。

为了在分配资源之前评估流量优先级，式（4-8）中引入了一个全局评估因子 σ，包含预测结果和各类资源参数。

$$\sigma = \frac{\left|E\left[t_{pj}t'\right] - \mu_{pj}(t)\mu_{pj}(t')\right|}{\sqrt{D\left[t_{pj}\right]}\sqrt{D\left[t'\right]}}\beta$$

$$+ \left(\frac{\sum_{j=1}^{M}\int_{t_0}^{t_N}R_{pj}(t)\mathrm{d}t}{\int_{t_0}^{t_N}R(t)\mathrm{d}t} + \frac{\sum_{i=1}^{M}\int_{t_0}^{t_N}D_{pi}(t)\mathrm{d}t}{\int_{t_0}^{t_N}D(t)\mathrm{d}t}\right)\frac{(1-\beta)}{M} \quad (4\text{-}8a)$$

$$\left|E\left[t_{pj}t'\right] - \mu_{pj}(t)\mu_{pj}(t')\right| < 1 \quad (4\text{-}8b)$$

其中，t_{pj} 表示第 j 个预测流量的到达时间，t' 表示流量的实际到达时间，μ_p 表示 t_{pj} 的数值中心，R 表示应用资源的总数，R_{pj} 表示包括第 j 个到达预测流量所需的应用资源量，D 表示传输资源的总数，D_{pi} 表示第 i 个到达预测流量所需的传输资源，M 表示数据中心间网络中的流量总数。

式（4-8a）的第一项表示预测参数，该参数通过定义相关系数来表征预测结果与实际流量之间的预测误差。在进行长期预测时，需考虑整体流量而不是短期流量的预测结果。预测函数越大，则预测值与实际值越相关。式（4-8a）的第二项表示应用资源和传输资源参数，它们使用积分来描述全局角度的资源消耗。

参数资源可以被规范化，以满足它们之间的线性关系，如式（4-9）和式（4-10）所示。在式（4-9）中，τ 是 CPU 使用率和 RAM 使用率之间的可调比例系数。

$$R(t) = \tau R_c(t) + (1-\tau)R_u(t) \quad (4\text{-}9)$$

$$S(t) = \sum_{l=1}^{H_p}B_l \quad (4\text{-}10)$$

另外，式（4-8a）中 $0 < \beta < 1$，作用是平衡具有不同用户需求的

流量预测和资源参数。式（4-8a）确保对于流量请求占用的每个时隙，全局评估因子可以被归一化并且为正。该全局评估因子可以说明预期的流量到达和需要保留的资源，它既考虑了流量预测的准确性，又考虑了全局资源利用率。在给定全局评估因子的情况下，可以针对光信号和连续频谱路径以最小的全局评估因子计算流量优先级。LTP-RA 算法的伪代码如算法 4-1 所示。

算法 4-1：LTP-RA 算法

输入：$G(V,E)$、$R(t)$、$D(t)$、$T_i\left(s_i, d_i, k_i, t_{pi}, \eta_i\right)$

输出：数据中心的最佳目的地和资源分配

1: 初始化全局评估因子 σ

2: 获得预测结果 T_i

3: **for** 每个 T_i **do**

4:    **if** 没有找到路径且 $\sigma_i = \min(\sigma_i)$ **then**

5:       阻止请求

6:    **else**

7:       **if** $\sigma_i > \min(\sigma_i)$ **then**

8:          **if** 队列中存在 LPT **then**

9:             **if** $\sum_j R_j(t') > R(t)$

10:                **for** 队列中的每个 LPT_j

11:                   阻塞 LPT_j，计算 $R_j(t')$

12:                   $R_j(t') = R_j(t') + R_{j+1}(t')$

13:                **for** 每个到来的流量

14:                   计算 $D_i(t')$

15:                **end for**

16:              **end for until** $R_j(t') > R(t)$

17:                为达到的 T_i 分配资源

18:             **end if**

19:          **end if**

20:       **end if**

21:       阻塞请求

22:    **end if**

23:    更新 $R(t)$、$D(t)$

24: **end for**

在计算流量优先级之后，根据流量优先级为每个即将到达的流量 t_{pj} 分配资源。在流量繁忙的情况下，需要确保优先处理高优先级流量（High-Priority Traffic，HPT）。此外，LTP-RA 算法会为高优先级的预测流量保留适量的资源，以确保传输。低优先级流量（Low-Priority Traffic，LPT）仅需要提供基本服务，并且可以在 HPT 之后进行传输。HPT 和 LPT 是根据全局评估因子计算的，而不是固定的。通过设置由网络条件确定的阈值，可以区分 HPT 和 LPT。因此，根据到达流量的不同优先级，LTP-RA 算法可能采用两种不同的资源分配方式。

首先，当每个预测流量到达数据中心网络时，LTP-RA 算法可以及时为其分配足够的资源。服务器将在流量到达时分配所需的网络资源和传输资源。

其次，当预测的流量到达时，资源不足。在这种情况下，LTP-RA 算法需要先检查预测的流量队列中是否存在 LPT，然后丢弃或阻塞 LPT，直到 HPT 的过程完成为止。如果在预测流量到达时仍没有足够的连续资源，LTP-RA 算法将检查现有流量队列中是否有 LPT。如果评估因子大于阈值，则阻塞 LPT 以保留 HPT 的资源。

最后，更新流量队列。

LTP-RA 算法的时间复杂度为 $O(n^2)$。

4.5　仿真结果分析

本节首先评估 MTIFLN 模型的性能，然后在模拟的边缘数据中心间网络中验证 LTP-RA 算法的性能。

4.5.1　数据集说明

本实验采用的数据集来自 3 个大学数据中心的 1590 台服务器，

其中的数据为 2019 年 6 月每隔 5min 从上述服务器收集的流量数据。流量数据特征包括时间戳、流量优先级、到达时间和处理时间、源端口、目标端口、源的 IP 地址和目标的 IP 地址。尽管 MTIFLN 模型的功能强大，足以发现和学习固有特征，但该模型还定义了更多特征，以增强以下长期特征的提取能力：星期几、每小时自相关、每天自相关。由于周末和工作日的流量模式不同，因此使用星期几来捕获周末和工作日的不同流量规模。每小时自相关和每天自相关旨在表示不同时间间隔内流量的长期特征。

首先，将结果添加到每个相应的 B-RNN 的输入特征中，这种解决方案可以大大减小预测误差。然后，将流量的所有上述特征归一化为零均值和单位方差。仿真验证包括大约 1000h 的历史流量数据，并希望预测未来 24h 的流量。将预测间隔设置为目标时间，即如果要预测未来 24h 的流量，则需要将预测间隔设置为24h。

在进行特征预处理之后，还要对数据集进行不同时间间隔的重新采样，以获得 MTIFLN 模型的新训练样本。在重采样期间，将部署 3 个间隔分别为 30min、1h 和 2h 的下重采样过程。另外，采用线性插值方法来填补缺失值，并确保所有训练矢量具有相同数量的样本。图 4-3 所示为一周流量的原始数据集和 3 个重采样过程后的流量信息。随着重采样间隔的增加，重采样间隔的短期特征会被有意地忽略。利用这种方式，长期特征将被重复很多次，并且来自原始数据集的那些有助于长期流量预测的短期特征将被保留。这意味着 B-RNN 可以提取长期特征而不会丢失短期特征，因为具有不同重采样间隔的不同训练数据将使 B-RNN 学习不同的特征。

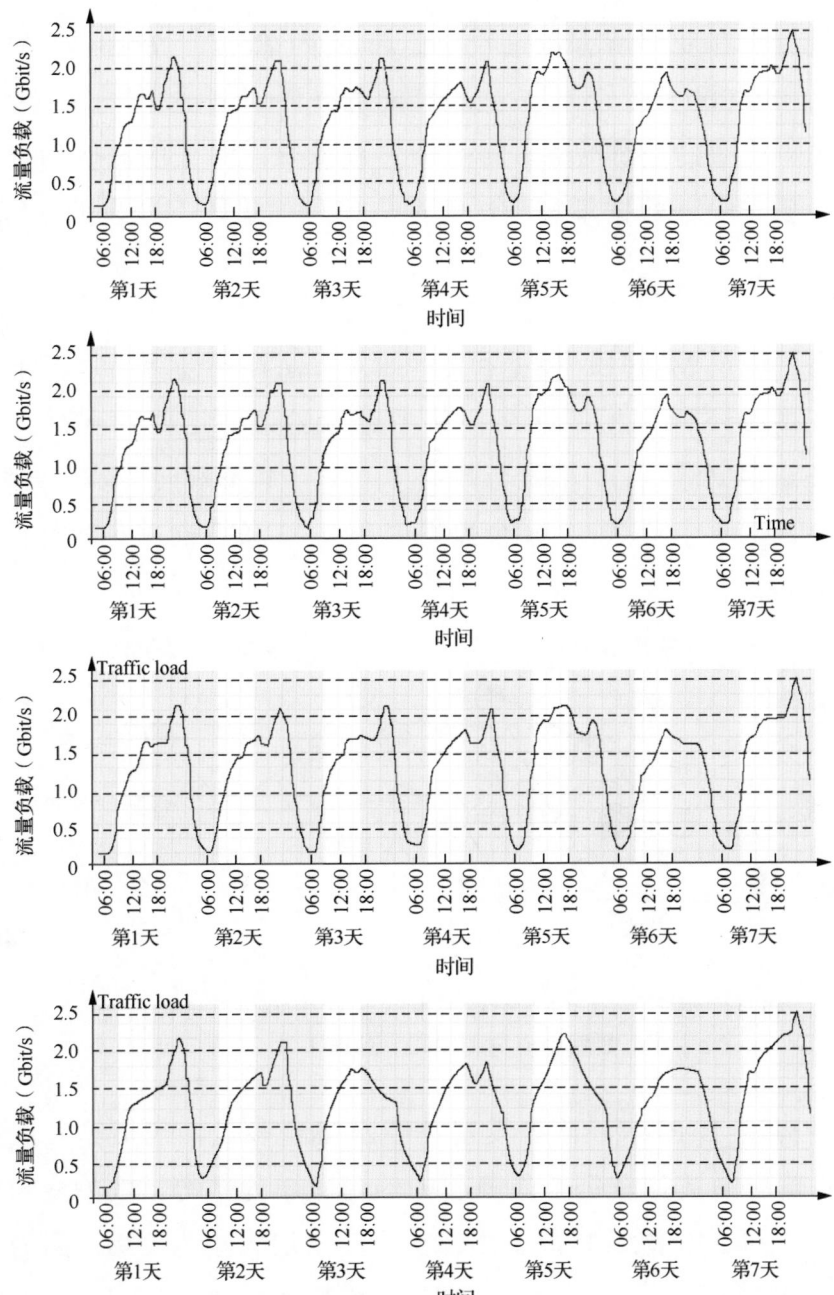

图 4-3　一周内 4 个流量数据集的示例说明：（a）每隔 5min 从网络管理系统收集一次的原始流量数据集；（b）以 30min 的时间间隔重新采样后的流量数据集；（c）以 1h 的时间间隔重新采样后的流量数据集；（d）以 2h 的时间间隔重新采样后的流量数据集

最后，在获得所有流量数据集（每个 *T*、*T'*、*T''* 和 *T'''* 的矢量大约为 480,000 个）后，按到达时间的升序对其进行排序。考虑到 MTIFLN 模型的训练效率，将每个矢量以 7：2：1 的比例划分为训练数据集、验证数据集和测试数据集，以便进行下一步的训练。

4.5.2 仿真设置

为了验证 MTIFLN 模型和 LTP-RA 算法在不同网络规模下的性能，在两种不同规模的网络拓扑中进行验证。这两种网络拓扑为 NSFNET[14 个节点（含 5 个数据中心）、21 条双向多芯光纤链路] 和 USNET[24 个节点（含 8 个数据中心）、43 条双向多芯光纤链路]，如图 4-4 所示。

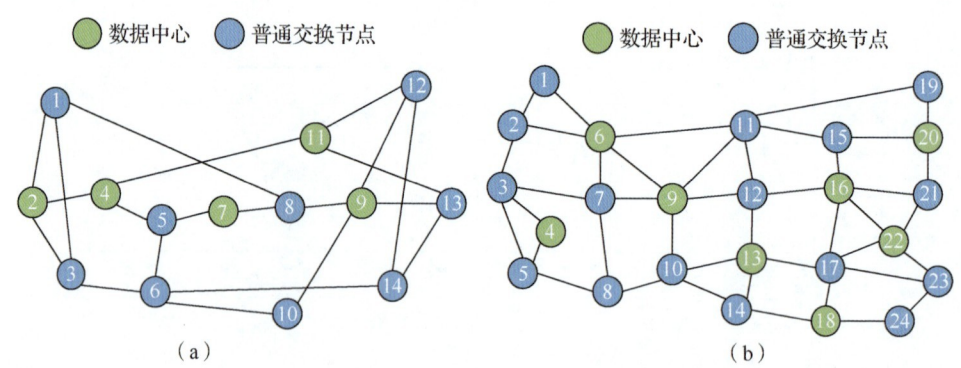

图 4-4　仿真网络拓扑：（a）5 个数据中心与 NSFNET 互连（共 14 个节点）；
（b）8 个数据中心与 USNET 互连（共 24 个节点）

要构建 B-RNN，需要设置神经网络超参数，包括输入层的大小、隐藏层的数量及每个隐藏层中的隐藏单元数等。例如，当要预测接下来的 24h 流量时，B-RNN5 的输出层大小为 288，因为一天中有 288 个 5min。为了加快 MTIFLN 模型的训练速度，所有 B-RNN 的批处理大小为 32。经过迭代，适用于不同流量预测任务的最优 MTIFLN 模型参数见表 4-2。

表 4-2　MTIFLN 模型的参数

预测任务	参数	B-RNN1	B-RNN2	B-RNN3	B-RNN4	B-RNN5
30min	输入单元数	5	5	5	5	704
	隐藏层数	2	2	2	2	2
	隐藏单元数	256	256	128	64	256
	输出单元数	—	—	—	—	6
	学习率	0.001	0.001	0.001	0.006	0.008
2h	输入单元数	4	4	4	4	352
	隐藏层数	2	2	2	2	2
	隐藏单元数	128	128	64	32	128
	输出单元数	—	—	—	—	24
	学习率	0.001	0.001	0.001	0.006	0.008
24h	输入单元数	8	8	8	8	1408
	隐藏层数	2	2	2	2	2
	隐藏单元数	512	512	256	128	512
	输出单元数	—	—	—	—	288
	学习率	0.008	0.008	0.008	0.010	0.020
72h	输入单元数	5	5	5	5	352
	隐藏层数	2	2	2	2	2
	隐藏单元数	128	128	64	32	128
	输出单元数	—	—	—	—	864
	学习率	0.010	0.010	0.010	0.015	0.030

　　为了从准确性和资源的角度评估预测结果的有效性，将预测准确度定义为 $P=1-\sigma$，其中 σ 是全局评估因子，β 等于 0.5。此外，使用平均绝对误差（Mean Absolute Error，MAE）、平均相对误差（Mean Relative Error，MRE）和 RMSE 来评估 MTIFLN 模型的有效性，定义为

$$\mathrm{MAE} = \frac{1}{n}\sum_{i=1}^{n}\left|g_i - g'_i\right| \qquad (4\text{-}11)$$

$$MRE = \frac{1}{n} \sum_{i=1}^{n} \frac{\left| g_i - g'_i \right|}{g_i} \qquad （4-12）$$

$$RMSE = \sqrt{\frac{1}{n} \sum_{i=1}^{n} \left(\left| g_i - g'_i \right| \right)^2} \qquad （4-13）$$

其中，g_i 是实际流量，g'_i 是预测流量。

在训练过程中，Adam 算法被用来优化 MTIFLN 模型。B-RNN 的训练大约需要 16h。训练后，24h 流量的预测时间（在 GPU 上）约为 0.7962s。

4.5.3　MTIFLN 模型性能分析

下面比较 CNN 和 MTIFLN 模型的 72h 流量预测的准确性。CNN 采用 5min 时间步长的递归多步预测方法。CNN 包含 352 个输入单元、2 个隐藏层（每个隐藏层由 128 个单元组成）及 864 个输出单元，与预测 72h 流量时的 MTIFLN 模型中的 B-RNN5 相似。具体而言，通过修改历史数据获得原始训练样本 *T*，并将其与 *T′*、*T″* 和 *T‴* 中的其他重采样训练样本混合，以获得训练数据集。

图 4-5 所示为用 MTIFLN 模型和 CNN 进行工作日和周末的长期流量预测的结果，同时还包括了实际流量以进行比较。CNN 和 MTIFLN 模型的预测流量负荷与前 10h 的实际流量负荷具有相似的流量模式。但是，当流量模式发生变化时，CNN 的性能会下降，这是由许多非线性因素（如热点事件、用户的移动性模式等）引起的。同时，MTIFLN 模型可以在流量事故发生后保持预测准确度，这是因为多个 B-RNN 的统计架构可以从重采样的训练数据集中提取长期特征。此外，前向/后向 B-RNN 可以充分利用过去和未来时间序列的数据，因此可以更准确地估计流量模式的变化。对于 55h 后的流量，MTIFLN 模型的预测准确度也开始下降，因为存在更多无法预测的流量模式变化。在周末，随着流量模型的

更改更加频繁，CNN 的预测误差变得更加难以接受。这是因为，具有高带宽和高繁忙度的 HPT 比工作日更频繁地发生，而容易预测的 LPT 则减少了。

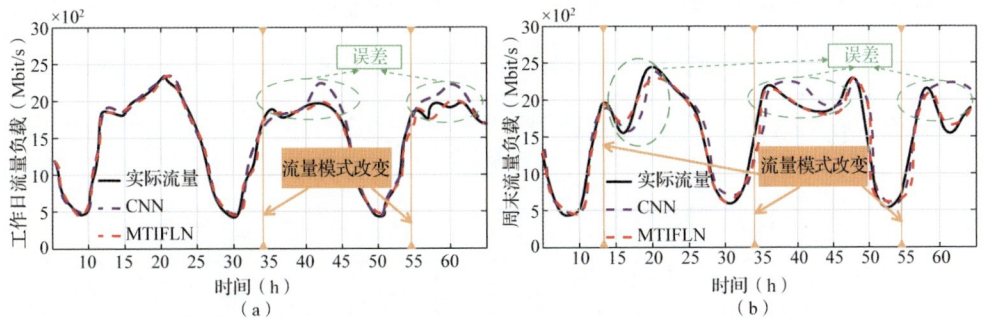

图 4-5　基于 MTIFLN 模型和 CNN 的预测结果：（a）工作日；（b）周末

为了验证 MTIFLN 模型在不同流量预测任务中的准确性，本实验对比了 MTIFLN、CNN、单个 B-RNN 和支持向量机（Support Vector Machine，SVM）在不同流量预测任务（包括 30min、2h、24h 和 72h）中的表现。这 4 种模型都可以单步预测流量，而不是递归多步预测；在预测期间都使用相同的数据集进行训练、验证和测试。

表 4-3 表明，即使对于 72h 的流量预测任务，MTIFLN 模型的预测准确度也超过了 85%。此外，它的 MAE、MRE 和 RMSE 也较低。对于前两个任务（30min 和 2h 流量预测任务），CNN 具有较高的预测准确度。但与 MNNFLN 相比，在其余任务（24h 和 72h 流量预测任务）上，CNN 的预测准确度迅速降低。这是因为预测在开始的 2h 内具有较少的可变因素，并且可以通过大量的原始数据训练来获得流量变化规律。但是，在长期预测中，流量模型发生变化的原因很多，这使得 CNN 的预测更加困难。对于长期预测，MTIFLN 模型比 CNN、B-RNN 和 SVM 更准确。随着流量数据时间

间隔的增加，B-RNN 和 SVM 的预测准确度下降很多。对于 30min 的流量预测任务，B-RNN 和 SVM 的预测准确度分别为 90.4%和 89.4%。但是，对于 72h 的流量预测任务，B-RNN 和 SVM 的预测准确度下降幅度较大，分别为 65.3%和 40.1%。

表 4-3　4 种模型的流量预测表现

任务	模型	预测准确度（%）	MAE	MRE（%）	RMSE
30min 流量预测	CNN	92.9	17.6	4.4	27.6
	B-RNN	90.4	24.8	6.2	37.2
	MTIFLN	97.7	17.1	4.3	26.4
	SVM	89.4	34.9	6.7	52.3
2h 流量预测	CNN	87.1	45.4	5.6	68.1
	B-RNN	81.3	53.8	13.5	80.7
	MTIFLN	93.6	44.8	4.7	67.2
	SVM	73.5	111.6	20.9	167.4
24h 流量预测	CNN	80.3	90.3	20.6	135.5
	B-RNN	72.1	109.6	27.4	164.4
	MTIFLN	90.9	53.5	11.2	80.2
	SVM	55.3	234.5	27.8	351.7
72h 流量预测	CNN	63.4	196.1	25.4	294.2
	B-RNN	65.3	271.3	30.5	406.9
	MTIFLN	76.6	93.9	11.2	140.9
	SVM	40.1	480.3	43.7	720.4

4.5.4　LTP-RA 算法性能分析

本小节评估 LTP-RA 算法在数据中心间网络中分配资源的效果。具体而言，采用两种拓扑结构来评估 LTP-RA 算法的性能，并将其与传统的资源分配算法进行比较，包括跨层优化（Cross Stratum

Optimization，CSO）算法和首次适应（First Fit，FF）算法等。表 4-4 总结了本次评估使用的算法。

表 4-4　本次评估使用的算法

算法	描述
LTP-RA	根据 MTIFLN 的预测结果分配资源
CNN	根据 CNN 的预测结果分配资源
B-RNN	根据 B-RNN 的预测结果分配资源
SVM	根据 SVM 的预测结果分配资源
CSO	根据全局评估因子分配资源，无须进行预测
FF	按到达时间顺序分配资源，无须进行预测
MTIFLN	一步长期流量预测
MSLT	递归多步长期流量预测

对于 CNN 模型、B-RNN 和 SVM，分别基于它们的预测结果使用相同的资源分配算法。在所有情况下，相同的数据集（T、T'、T'' 和 T'''）到数据中心服务器的流量请求带宽在 50～500Mbit/s 范围内随机设置，每台服务器的资源使用在 0.1%～1% 范围内随机设置。

图 4-6 所示为 6 种资源分配算法的路径阻塞概率对比。可以看到，在不同规模的两种网络拓扑中，与其他算法相比，LTP-RA 算法均实现了较低的路径阻塞概率。这是因为 LTP-RA 算法避免了在负载较大的路由器中发生 HPT 冲突。在这种情况下，许多服务可能由于队列溢出而被阻塞或丢弃。另外，当业务到达率上升时（如 180Erlang、210Erlang、240 Erlang 时），LTP-RA 算法的路径阻塞概率增加。这是因为与高流量负载情况相比，低流量负载的数据中心服务器可以提供更多的可用资源。

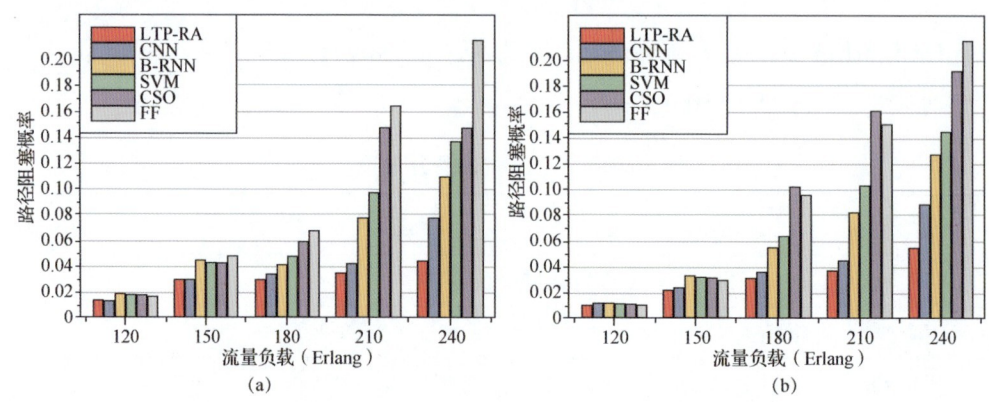

图 4-6　6 种资源分配算法的路径阻塞概率对比：（a）NSFNET；（b）USNET

图 4-7 所示为 6 种资源分配算法的资源利用率对比。资源利用率反映了已使用资源占数据中心总资源的百分比。可以看到，在两种不同规模的网络拓扑中，LTP-RA 算法与其他算法相比，可以较明显地提高资源利用率。在更复杂的网络拓扑 USNET 中，LTP-RA 算法在资源利用率上表现得更好。LTP-RA 算法可以预先为预测的 HPT 保留足够的资源，从而降低 HPT 的路径阻塞概率。

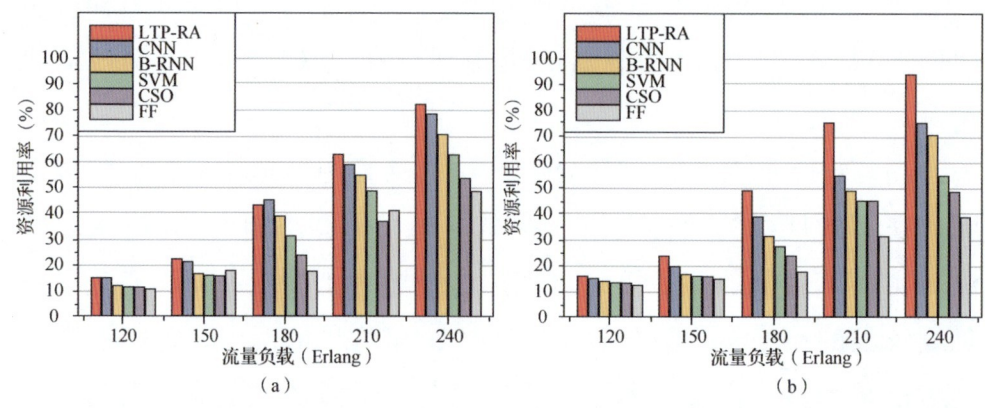

图 4-7　6 种资源分配算法的资源利用率对比：（a）NSFNET；（b）USNET

图 4-8 所示为 MTIFLN 模型和基于递归的多步长期（Recursive-based Multi-step Long-term，MSLT）模型的性能对比。为了使对比更加直观，LTP-RA 算法 MTIFLN 模型采用与表 4-2 相同的网络结

构，而 MSLT 模型共享 MTIFLN 模型中 B-RNN5 的结构。MTIFLN 模型和 MSLT 模型都使用更复杂的网络拓扑（USNET），并且都使用相同的训练样本进行训练、验证和测试。MTIFLN 模型直接预测所有预测任务的流量（30min、2h、24h 和 72h）。MSLT 模型将时间步长设置为 5min，并且将先前时间步长的预测用作输入，以便在随后的时间步长进行预测，直至预测到所有预测任务的流量为止。

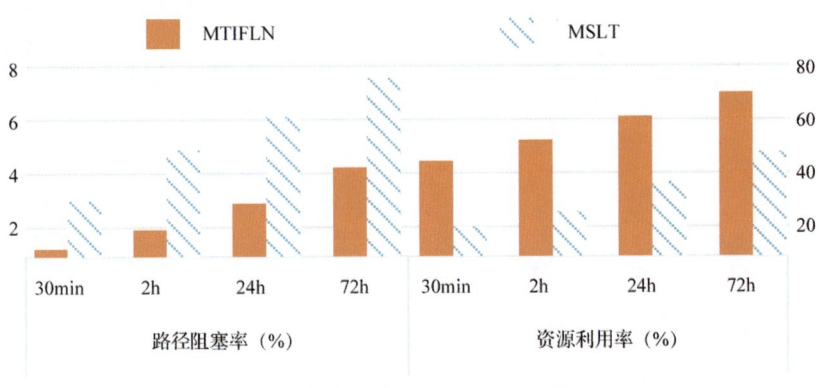

图 4-8　不同流量预测模型的性能对比

如图 4-8 所示，MTIFLN 模型在 4 个不同的流量预测任务中均优于 MSLT 模型，并且它们之间的性能差异随预测时间的增加而增加。这是因为，MSLT 模型允许在每个时间步长累积预测误差，从而导致预测准确度快速下降。与 MSLT 模型不同，MTIFLN 模型可以预测一步长期流量。实际上，MTIFLN 模型的堆叠体系结构有助于减少预测误差，因为前 4 个 B-RNN 中的预测误差会先在重采样过程中相互抵消，再输入 B-RNN5。因此，MTIFLN 模型提高了预测准确度和网络资源分配性能。

4.6　本章小结

本章介绍了边缘数据中心间网络的长期流量预测和相应的资

源分配算法。随着流量预测准确度的提高，边缘数据中心间网络的资源利用率得到了很大优化。为了提取隐藏在历史数据中的长期特征，首先执行重采样过程以打破长期序列的局限性，然后采用 MTIFLN 模型进行流量预测。在此基础上，还介绍了边缘数据中心间网络中基于长期流量预测的资源分配算法。该算法可以基于全局评估因子提前为将来的流量预留资源。

第5章　边缘数据中心光网络异常预测技术

    边缘数据中心光网络的结构复杂、指标繁多，在进行异常预测时存在效率低、准确度低、异常标签数据少等问题。本章介绍一种基于深度学习的边缘数据中心光网络异常预测框架（简称基于深度学习的异常预测框架）。该框架能够评估多个网络指标之间的相关性，并以较高的准确度预测目标指标的未来时间序列结果。另外，根据网络数据集是否带有异常标签，基于深度学习的异常预测框架能够采用不同的方案来判断时间序列预测结果的异常情况，进而提前对未来可能发生的异常进行告警，提高边缘数据中心光网络的服务质量和稳定性。本章首先对基于深度学习的异常预测框架进行概述，然后结合边缘数据中心光网络的实际数据情况，介绍该框架中的不同算法并阐述使用它们的原因。最后，分别介绍基于 LSTM 网络的异常预测方案与有监督/无监督混合学习的异常预测方案。

5.1　基于深度学习的边缘数据中心光网络异常预测框架

    在一段时间内，通信网络运营商部门通过采集真实环境下边缘数据中心光网络中不同设备的状态指标、网络业务指标等数据，建立异常预测的数据集。针对不同目标的异常预测任务，预测时需要选择对应的网络指标数据进行数据预处理工作，例如数据格式清洗、离群点处理、缺失值填充和数据标准化等。边缘数据中心光网络故障可能会引起物理层信号变化，影响网络层业务承载，进而引发相关的级联软故障。这些软故障在引发明显的网络故障之前，通常以异常的形式存在。本节综合考虑光器件硬件异常和网络业务指标，尝试寻找与光器件高度相关的指标，用于更准确地预测边缘数据中心光网络异常。由于边缘数据中心光网络中的网络指标较多，不能直接把所有网络指标都作为后续算法模型的输入，需要对指标数据集进行特征选择，避免一些无关的网络指标对目标指标进行干扰。特征选择的方法通常有两种：一种是使用降维方式来提高异常预测模型的准确度并缩短模型的运行时间；另一种是使用统计分析相关的方法，其计算简单且选择效率高。基于深度学习的异常预测框架通过计算斯皮尔曼等级相关系数来分析网络指标之间的相关性，并评估两个指标之间的关联程度，进而找出边缘数据中心光网络中与目标指标关联性强的网络指标，提高后续异常预测的准确度。基于深度学习的异常预测框架的架构如图 5-1 所示。

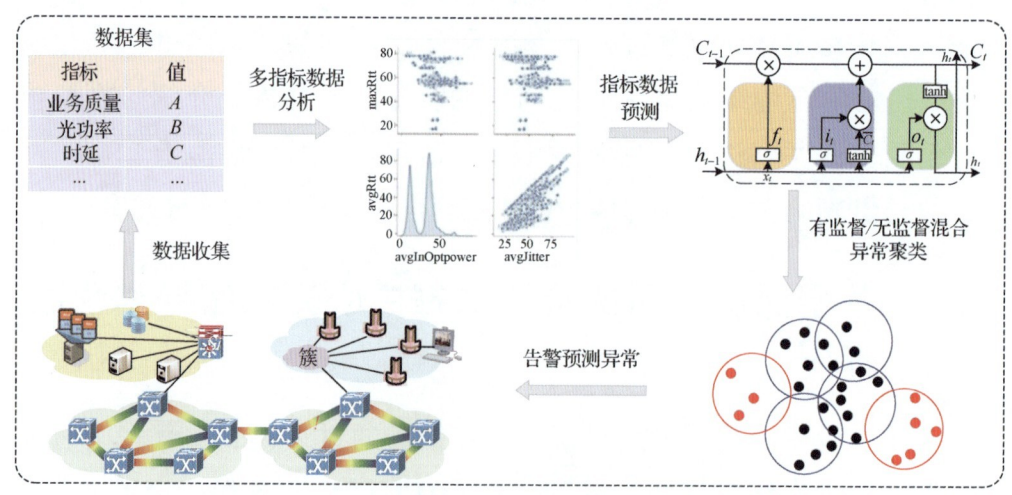

图 5-1 基于深度学习的异常预测框架的架构

在边缘数据中心光网络中，并非所有的异常都可以被准确预测。对于突发情况引起的异常（如人为恶意网络攻击导致的网络故障、配电系统的浪涌干扰等），由于它们具有突发性和偶然性，一般无法准确预测。本节的异常预测任务主要针对随着时间推移会引起网络指标发生重大变化的异常。例如，硬件温度的持续升高可能会使网络硬件设备开启功耗保护机制，导致网络设备性能受到影响。这类异常是隐蔽的，在它们引起网络参数的显著偏差并影响网络的稳定运行前难以被发觉。需要预测这些异常，以确保网络的稳健性。

　　为了有效地预测异常，基于深度学习的异常预测框架在预测阶段使用 LSTM 网络作为主要算法，其具有动态调整和记忆学习能力，适合学习时间序列数据之间的隐藏特征。在实际的边缘数据中心光网络数据集中，网络业务数据以时间顺序采样，具有较强的时序特征，符合 LSTM 特征。与其他预测相关的机器学习算法相比，LSTM 网络可以通过隐藏层的相关权重系数自动调整，学习时间序列之间的隐含关系，从而提升预测准确度。该框架首先通过相关性分析筛选出与目标指标相关性较强的指标，然后将目标指标的历史数据和筛选出的强关联指标的历史数据都作为预测模型的输入。通过选定时间窗口和迭代训练，LSTM 网络会挖掘历史时序数据的信息，训练网络指标预测模型，最终预测目标指标未来的时间序列数据。预测的结果会作为后续异常预测分类判断的重要依据。预测结果的准确度使用平均绝对百分比误差（Mean Absolute Percentage Error，MAPE）来评估。该评估指标表示预测结果与真实数据之间的偏差程度。MAPE 越小，表示预测准确度越高，反之则表示预测准确度越低。

　　考虑到边缘数据中心光网络中需要更直观、更准确地判断异常情况的发生，基于深度学习的异常预测框架需要对 LSTM 网络预测的目标指标数据结果进行分类。本节分别讨论带有异常标签与不带异常标签的网络数据集。在处理带有异常标签的网络数据集时，基于深度学习的异常预测框架会使用 DNN 作为预测时间序列结果的分类方法。DNN 是一种深度全连接神经网络模型，在简单的分类任务中具有良好的性能[32-34]。需要注意的是，由于边缘数据中心光网络中每个网络节点承载的流量是不同的，网络节点的复杂程度也不相同，因此无法建立一个通用的分类模型去适配所有的网络节点。因此，需要为每个网络节点建立单独的 DNN 分类模型。通过循环迭代训练带异常标签的数据集，DNN 分类模型可以快速响应新的输入数据并判断输出该数据是否为异常点。经过训练的 DNN 分类模型避免了在产生新数据时对所有数据进行重新分类，可以有效地提高分类的效率和准确度。在评估环节中，由于异常检测是一个二分类任务，输出结果是某个时间点数据是否异常，因此 DNN 分类模型使用 F1 分数（F1-score）来评估分类准确度。F1 分数是统计学中用来衡量二分类模型准确度的指标。它考虑了分类模型的准确度和召回率，具体的评估细节将在本节后续内容中详细讨论。

在处理不带异常标签的网络数据集时，经典异常预测方案使用传统的聚类方法对异常进行分析。基于密度的噪声应用空间聚类（Density-based Spatial Clustering of Applications with Noise，DBSCAN）算法能够将具有一定密度的区域划分为不同的类。边缘数据中心光网络具有复杂的网络特征，特别是对于新型的边缘大规模业务场景，数据集可能非常大，数据分布也具有不确定性。因此，DBSCAN 算法更适合边缘数据中心光网络的网络数据特点。另外，DBSACN 算法在聚类的同时还可以发现离群点，可满足分离异常网络数据的要求，所以基于深度学习的异常预测框架选择使用 DNSCAN 算法。在评估聚类准确度的环节，为了评估没有异常标签网络节点的异常检测聚类效果，本节使用 Calinski-Harabasz（CH）分数来衡量聚类有效性和准确度，它是簇之间的分离度与簇内紧密度的比值。CH 分数越大，表示聚类效果越好，反之表示聚类效果越差。

尽管对带真实异常标签的网络数据集而言，DBSCAN 算法也可以作为异常分类的模型，但它存在一些缺点。一方面，由于数据规模大，DBSCAN 算法的准确度较低，而 DNN 分类模型作为一种深度学习模型，它能够充分利用大规模数据集，挖掘数据之间的分类信息，以更高的准确度检测异常的发生。另一方面，在不断产生新的异常指标数据时，关键参数固定的 DBSCAN 算法可能会产生新的聚类簇，而有监督的 DNN 分类模型可直接判断新产生的预测结果是否异常，这意味着 DNN 分类模型更适用于网络中带有真实标签的节点。

图 5-1 所示的架构可以评估多个网络指标之间的相关性，并以较高的准确度预测目标指标的未来时间序列。另外，根据网络数据集是否带有异常标签，该架构可采用不同的方案来判断时间序列预测结果的异常情况，进而提前对未来可能发生的异常进行告警，提高边缘数据中心光网络的服务质量和稳定性。

5.2　基于 LSTM 网络的时序数据异常预测方案

边缘数据中心光网络的异常预测任务需要能够较准确地对未来时序进行预测，从而及时发现潜在的网络异常问题并进行告警。若等待网络异常已经发生后再进行告警并修复网络，会耗费较高的人力成本。在具有复杂指标的大规模边缘数据中心光网络中，需要确保能够筛选出一些与目标指标强关联的网络指标，用于异常预测任务中的时序预测环节。将筛选出的强关联指标的历史数据输入初步搭建的 LSTM 网络模型，通过不断循环迭代训练出正确的网络模型参数，在误差允许的范围内对目标网络指标进行时序预测，满足对边缘数据中心光网络异常预测的及时性需求。本节首先介绍实验数据集，然后介绍如何筛选网络的指标，以及如何搭建并训练 LSTM 网络模型，最后对代码仿真结果进行分析和总结。

5.2.1 数据预处理与多维指标相关性分析

边缘数据中心光网络底层网络硬件设备数据采集系统由自动化设备构成，数据采集的过程中可能会受到采集精度、设备运行状态和数据传输等多方面的影响。当采集时间较长时，可能会出现数据缺失、数据重复、数据异常等情况。在使用各种算法进行仿真之前，要对数据可能存在的问题进行处理，增强数据集的可靠性，以提高仿真准确度。

针对数据集中存在缺失值的情况，一般采用删除数据法和插补数据法。删除数据法适合离散程度较高的数据集，即每个数据是独立存在的个体，删除某条缺失的数据对数据集整体而言影响不大。而本节使用的数据集是基于时间序列采集的数据，数据之间存在着时间上的关联，删除某个数据会影响数据集整体的时序性，因此本节使用插补数据法对数据集中的缺失值进行补全。针对不同的数据分布形式，可以选择可能值插补法、极大似然插补法、多重插补法和 K 最近邻（K-Nearest Neighbor，KNN）法。本节使用的数据集由于时序上存在连续性，选择 KNN 法进行补全。该方法选取缺失位置附近的 k 个数据并取其平均值来补全缺失值。一般采用欧几里得距离来判断样本之间的远近，公式为

$$d = \sqrt{\sum_{i=1}^{n}(x_i - y_i)^2} \qquad (5-1)$$

其中，d 表示样本数据之间的欧几里得距离，n 表示样本个数，x_i、y_i 表示样本中的对应数据。

在处理完数据集的缺失值之后，还需要对数据集进行标准化处理，边缘数据中心光网络中的光硬件设备指标和业务指标众多，每个指标都有特定的物理意义，且单位和数量级可能不同。因此，不能将所有的指标数据直接输入后续的神经网络模型中进行训练，否则会降低神经网络模型的训练效率。同时，在训练尾声阶段，神经

网络模型在最优点附近振荡，无法达到拟合的最佳效果，会降低神经网络模型预测的准确度。本节采用 z-score 标准化方法，该方法能够将数据按指标自身的特征属性进行比例缩放，使其符合标准的正态分布，具体的标准化公式为

$$x_{\text{norm}} = \frac{x_i - \bar{x}}{\sigma(x_i)} = \frac{x_i - \dfrac{1}{n}\displaystyle\sum_{i=1}^{n} x_i}{\sqrt{\dfrac{1}{n}\displaystyle\sum_{i=1}^{n}\left(x_i - \bar{x}\right)^2}} \tag{5-2}$$

其中，x_{norm} 表示指标进行标准化处理后的数值，x_i 表示数据在数据集中的原始数值，$\bar{x}$ 表示该指标所有数值样本的均值，$\sigma(x_i)$ 表示该指标所有数值样本的标准偏差，n 表示数据样本总数。

边缘数据中心光网络的指标很多，为光网络异预检测任务带来了巨大的挑战。光网络在运行过程中会产生大量的数据，包括硬件设备指标数据和网络业务指标数据，这些数据会反映边缘数据中心光网络的工作状况和性能。对网络运行中产生的数据进行统计分析、处理和监控，可以有效地帮助管理光网络的正常运行。在异常发生前及时、准确地进行预警非常重要，这可以预测潜在的光网络异常。

边缘数据中心光网络中光网络层和业务层的关系非常复杂。当光网络层的硬件设备指标严重偏离正常范围时，可能会对业务层产生影响。例如，当光网络设备的光功率衰减严重时，会影响数据传输的稳定性。因此，指标间的相关性分析在异常预测中非常重要。一方面，边缘数据中心光网络有很多硬件设备指标和网络业务指标，当对网络的某个指标进行监控或预测时，可能无法获得有效且完整的历史数据或实时数据。因此，可以选择光网络中拥有完整历史数据或者能采集到实时数据的指标，并且保证这些指标与目标指标具有较强的关联性，以达到替代目标指标的效果。另一方面，在光网络异常预测中采用单一指标进行分析预测，往往无法取得良好

的效果。例如，当需要预测光网络输出功率的实时数据时，如果仅使用光网络输出功率的历史数据，即便使用正确的网络模型也有可能达不到预测的准确度要求。此时，可充分利用与目标指标强相关的网络指标历史数据，构成多输入-单输出的结构，对光网络进行实时预测。因此，对边缘数据中心光网络中的多维度指标进行相关性分析是有必要的。

计算相关系数之前，可以先观察不同变量之间的分布形式，直观地判断变量之间的关联程度。本节采用的边缘数据中心光网络中多种指标之间的分布如图 5-2 所示，它展示了 avgOutOptP 和其他部分指标的变量分布情况。图 5-2 中，横坐标、纵坐标分别表示不同的网络指标，如 avgRtt 表示平均往返时间，avgJitter 表示抖动均值。各网络指标缩写及含义见表 5-1。

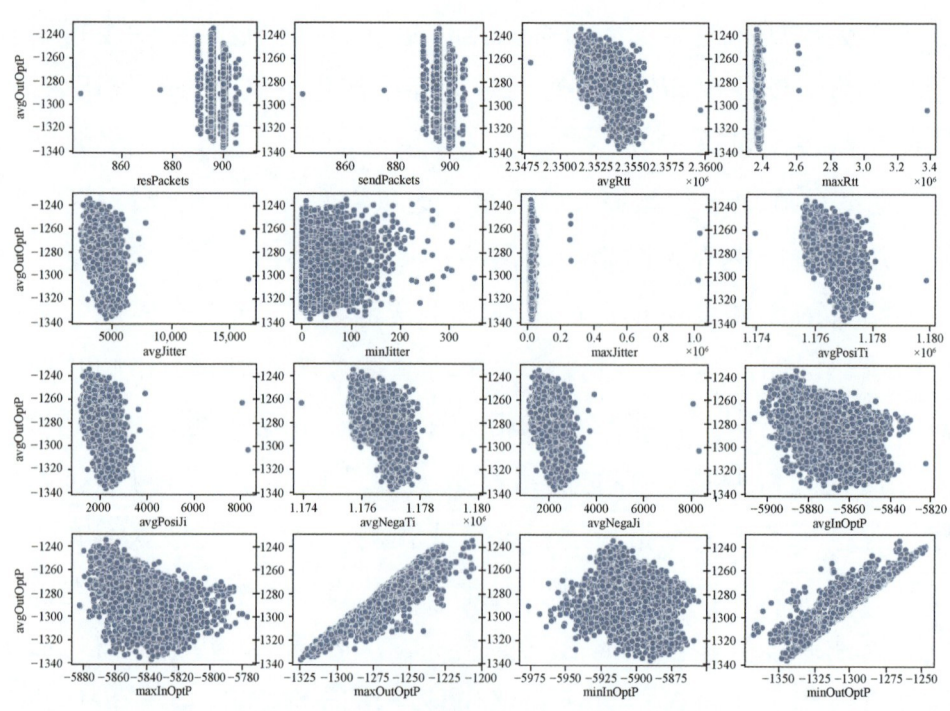

图 5-2　多维指标变量分布结果

表 5-1　部分网络指标缩写及含义

指标缩写	实际含义	指标缩写	实际含义
resPackets	接收包的数量	sendPackets	发送包的数量
avgRtt	平均往返时间	avgNegaTi	负向时延均值
minRtt	往返时间谷值	avgNegaJi	负向抖动均值
maxRtt	往返时间峰值	avgInOptP	输入光功率均值
avgJitter	抖动均值	avgOutOptP	输出光功率均值
minJitter	抖动谷值	maxInOptP	输入光功率峰值
maxJitter	抖动峰值	maxOutOptP	输出光功率峰值
avgPosiTi	正向时延平均	minInOptP	输入光功率谷值
avgPosiJi	正向抖动均值	minOutOptP	输出光功率谷值

　　本节使用斯皮尔曼等级相关系数来计算边缘数据中心光网络中硬件设备指标和网络业务指标之间的相关系数，结果如图 5-3 所示。颜色越深，表示系数越接近 1；颜色越浅，系数越接近-1。

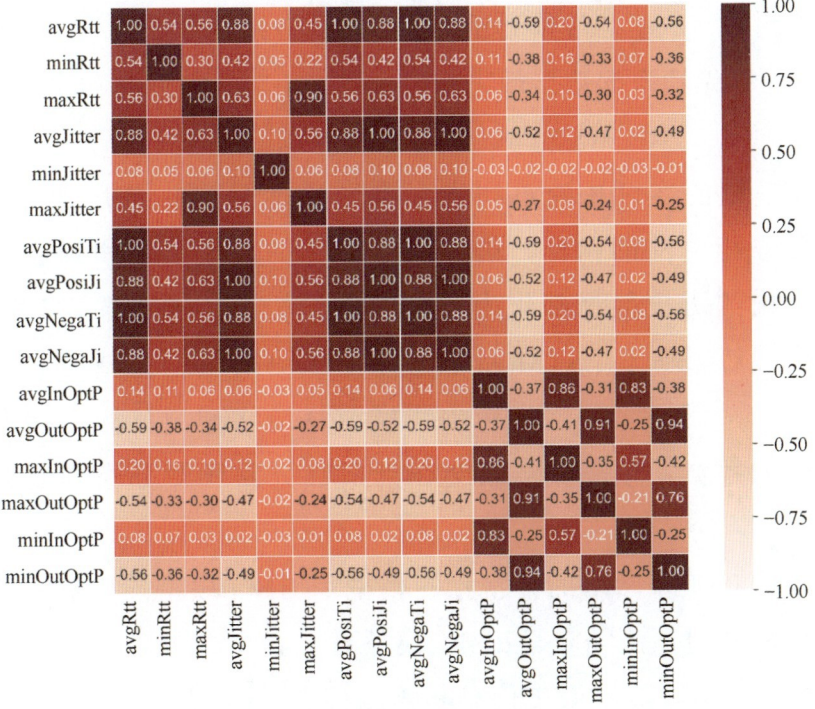

图 5-3　多维指标相关性分析热力图

图 5-3 表明光网络中的一些业务指标之间存在很强的相关性。例如，avgRtt 与 avgJitter 之间的斯皮尔曼等级相关系数为 0.88，avgOutOptP 与 maxOutOptP 之间的斯皮尔曼等级相关系数为 0.91。值得一提的是，由于不同网络节点之间存在很强的异质性，一些指标之间的相关性可能是偶然的，因此在对不同的网络节点进行异常指标预测前，需要对每个网络都进行多维指标相关性分析，确保得到与目标指标强相关的指标。

5.2.2　基于 LSTM 网络的异常预测模型

本小节使用国内某研究院提供的通信运营商试点网络采集的网络数据集来比较光网络层和业务层的相关性，通过计算它们之间的斯皮尔曼等级相关系数，得到与网络异常高度相关的网络指标，并且选择数据更完整的指标。寻找与光网络层相关性高的指标，有助于更准确地预测异常。在异常预测任务中，由于与异常标签关联度最高的网络指标中，光功率的数据最完整，因此本小节选择以光功率指标来进行预测。

在模型的实际搭建过程中，首先通过相关性分析筛选出与目标指标强相关性的指标，再将目标指标的历史数据和筛选出的强相关指标的历史数据都作为预测模型的输入。通过选定时间窗口和迭代训练，基于 LSTM 网络的异常预测模型会挖掘历史时序数据的信息，训练光网络指标预测模型，最终预测目标指标未来的时间序列数据，预测的结果会作为后续异常预测分类判断的重要依据。

基于 LSTM 网络的异常预测模型是 RNN 模型的改进，广泛应用于时间序列预测场景。RNN 模型是一种专门处理时序数据的神经网络。但是，随着历史信息和预测信息的位置间隔不断增加，它无法很好地学习过去的信息，会产生梯度消失问题。基于 LSTM 网络的异常预测模型通过引入动态调整和记忆学习的能力改善了这个缺点。它通过隐藏层神经网络单元之间的相关权重系数自动调整并学习时间序列之间的隐藏关系。基于 LSTM 网络的异常预测模型的结构如图 5-4 所示。

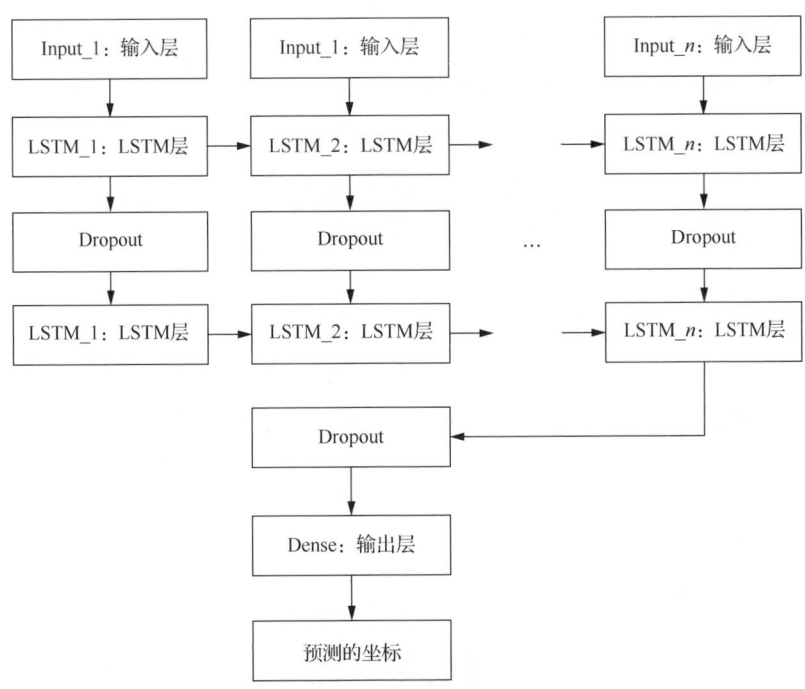

图 5-4　基于 LSTM 网络的异常预测模型的结构

5.2.3　仿真结果分析

　　本小节以数据集中的光功率指标为例，对基于 LSTM 网络的异常预测模型执行边缘数据中心光网络时序预测任务的效果进行仿真实验，预测光功率的值和变化。该模型擅长挖掘隐藏在时间序列数据中的信息。光功率的变化受网络业务和时间的影响，具有潮汐效应等时序特性。这些特性有助于找到与光功率变化有关的信息并使光功率可预测。

在本实验使用的数据集中，各时间点的采样间隔为 15min，因此每天有 96 个时间点。选取第 15 天的光功率数据作为模型的输入，输出第 16 天的光功率数据。真实环境中，随着时间窗口的移动，数据收集设备会不断产生新的真实光网络数据并放入时间窗口。例如，将第 2 天～第 16 天的数据作为模型的输入，输出第 17 天的光功率预测数据。

仿真时，通过改变神经网络的隐藏层和神经元结构，设置不同的神经网络训练参数，使其达到最好的预测效果。图 5-5 和图 5-6 所示分别为某个网络节点输入光功率和输出光功率的预测结果。图中，蓝色实线代表光功率的真实值，红色虚线代表光功率的预测值。从预测结果可以看出，基于 LSTM 网络的异常预测模型可以在参数平滑变化的情况下准确地预测光网络中未来的网络指标。而当光功率参数的趋势突然发生变化时，该模型无法准确地预测该指标的值。这可能是由于数据量小或者偶然性较强，该模型无法学习到该趋势的变化。

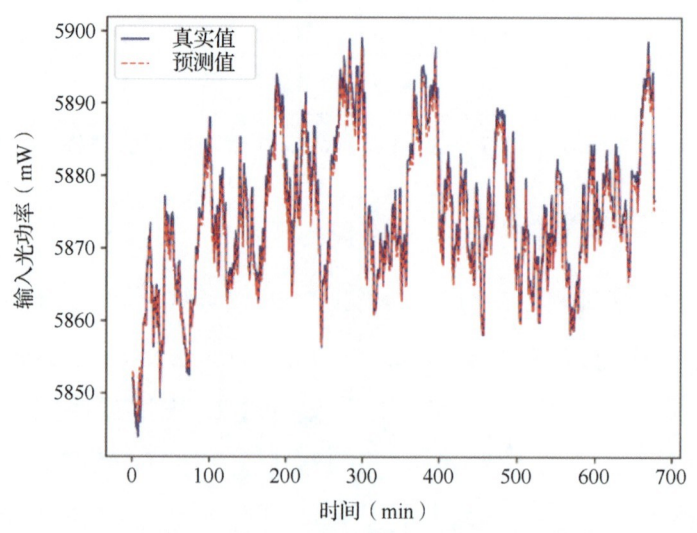

图 5-5　输入光功率的预测结果

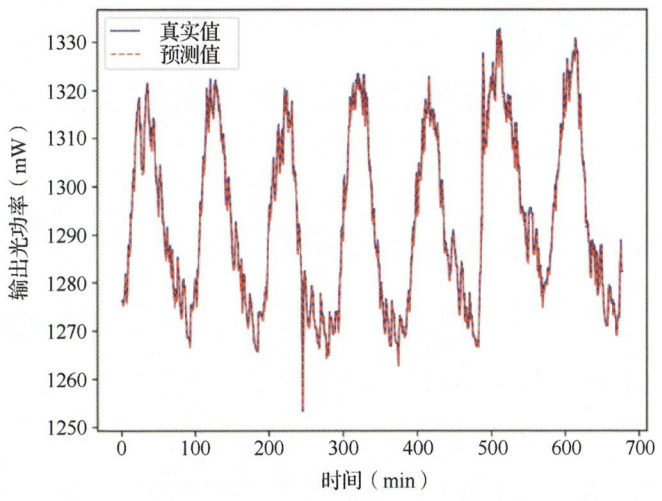

图 5-6　输出光功率的预测结果

为了更准确地预测网络异常的发生，本实验通过斯皮尔曼相关性分析预测了与光功率相关的往返时间平均值和最小值等业务指标，结果见表 5-2。其中，RMSE 和 MAE 容易受到数值幅度影响。MAPE 的计算考虑了量级，可以更好地衡量预测准确度。

表 5-2　部分网络指标预测仿真结果

指标	RMSE	MAE	MAPE（%）
avgInOptP	4.13	3.05	7.21
avgOutOptP	4.32	2.97	12.92
avgRtt	489.61	373.93	1.59
maxRtt	1106.32	912.68	3.83
minRtt	1081.08	857.80	3.66
avgJitter	136.52	123.28	122.63
maxJitter	2322.36	1988.06	243.66
minJitter	15.23	12.84	156.98

对于光功率的大小，预测值与真实值的误差较小，误差主要集中在预测趋势突然变化的时刻。此外，本实验还预测了 avgRtt 和 minRtt 等指标，大部分结果也比较准确。一些光网络指标由于突变

性强而无法被准确预测，如网络抖动相关指标。从仿真结果来看，基于 LSTM 网络的异常预测模型可以准确地预测光网络指标，可以利用该结果来预测未来可能发生的网络异常。

5.3 有监督/无监督混合异常预测方案

第 5.2 节介绍了通过搭建基于 LSTM 网络的异常预测模型来预测边缘数据中心光网络中未来的指标。为了更准确、清晰地判断预测值是否异常，还需要对其进行识别和分类。在分类时，需要考虑数据集是否带异常标签，对于带异常标签的数据集，由于其拥有真实的异常标签值作为有监督的训练标准，本节选择搭建 DNN 分类模型对其进行分类；对于不带真实异常标签的数据集，由于缺少标签值作为标准，本节选择使用 DBSCAN 算法对其进行聚类。本节首先分别介绍上述两种分类模型，然后介绍搭建并训练合适的异常预测模型的方法，最后针对带异常标签和不带异常标签的网络节点，根据代码仿真结果，以不同的评估量化标准分别进行分析和总结。

5.3.1 有监督 DNN 异常预测模型

如前所述，在处理带异常标签的网络数据集时，可以使用 DNN 作为预测时间序列结果的分类模型，进而构建有监督 DNN 异常预测模型。DNN 分类模型是一种深度全连接神经网络模型，在简单的分类任务中具有良好的性能。由于网络中每个网络节点承载的流量是不同的，它们的复杂程度也不相同。因此，需要为每个网络节点建立独立的 DNN 分类模型，如图 5-7 所示。

在处理带异常标签的网络数据集时，实际光网络维护中存在异常数据分布不均匀的问题。异常数据占总数据的比例很小，极大地影响了异常预测的准确度。为了解决这个问题，需去除大部分带正常标签的冗余数据，并将带正常标签和带异常标签的数据的比例设置为 4∶1，以保证异常数据的均衡分布。数据预处理后，过滤部分网络数据，每个网络节点有 3360 个数据可用于异常预测。以数据集中某一个网络节点为例，该网络节点的数据集中有 22 个异常数据。由于分类不需要考虑时间序列的时序特征，从正常数据中随机抽取 88 个数据。因此，可用于有监督 DNN 异常预测模型的数据集共包含 110 个数据。不同的网络节点可能有不同数量的异常数据，但数据集的构建过程是相似的。由于数据样本较少，使用前 90% 的数据作为训练数据集，后 10% 的数据作为测试数据集，来评估该模型的分类准确度。

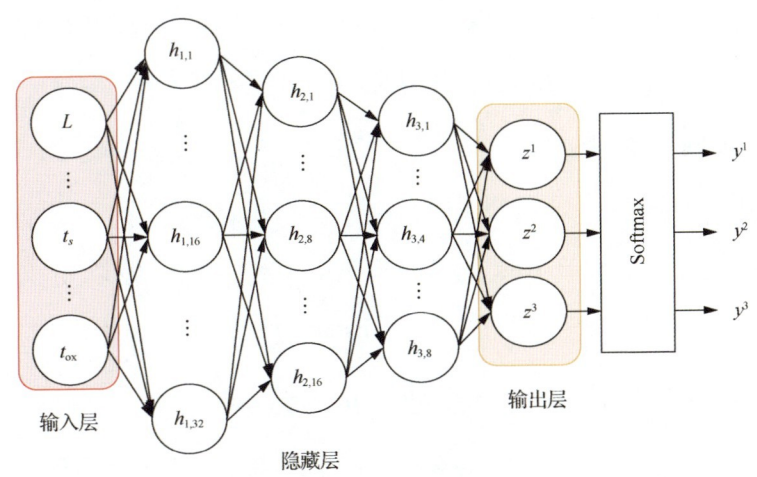

图 5-7　DNN 分类模型

接下来，需通过调整模型的结构和训练参数来训练 DNN 分类模型。网络的模型结构影响分类准确度，而合适的隐藏层数和神经元数可以在减少网络参数的同时保证较高的分类准确度。通过比较不同模型结构的分类准确度，确定 DNN 分类模型的结构为：1 层输入层、3 层隐藏层和 1 层输出层。训练过程中的训练参数会影响异常预测的准确度。在最终的模型中，学习率被设置为 0.05，反向传播函数选择随机梯度下降算法，输入层和隐藏层激活函数选择 Softmax。

5.3.2　无监督聚类异常预测模型

对有监督任务来说，数据集有着准确的标签，可用于帮助训练分类模型，但在无监督场景下，由于缺少真实的分类标签，模型的分类准确度和训练效率都会受到影响。在考虑没有异常标签的光网络节点时，可采用 DBSCAN 算法这种典型的基于密度的聚类算法，它能够将具有一定密度的区域划分为不同的类。

DNSCAN 算法通过给定的密度阈值将具有一定密度的区域划分为不同的类别。假设数据集 D 为 $\{x_1, x_2, \cdots, x_i\}$，DBSCAN 算法的密度阈值由以下两个关键参数组成。

1.　邻域半径 Eps

如果 $x_m \in D$，由邻域半径 Eps 决定的邻域内包括了数据集 D 中所有与 x_m 距离不大于 Eps 的样本。邻域半径 Eps 可以定义为

$$\mathrm{Eps}(x_m) = \{x_m, x_n \in D \,|\, \mathrm{distance}(x_m, x_n) \leqslant \mathrm{Eps}\} \qquad (5\text{-}3)$$

2.　邻域半径内的最小点数 MinPts

如果 $x_m, x_n \in D$，并且半径为 Eps 的邻域内至少包括 MinPts 个样本，就可以称该邻域为核心对象，并且称 x_m 到 x_n 是密度可达的。密度可达也可以被定义为 $|\mathrm{Eps}(x_m)| \geqslant \mathrm{MinPts}$。

初始化时，DBSCAN 算法首先任意选择一个点 x_m，计算点 x_m 与 $D = \{x_1, x_2, \cdots, x_i\}$ 中其他点的欧几里得距离。然后，遍历所有从 x_m 密度可达的点，形成一个簇，点 x_m 为该邻域的核心点。如果点 x_m 满足条件 $|\mathrm{Eps}(x_m)| = \mathrm{MinPts}$，则将点 x_m 称为边界点，并将数据集中

其他没有被归到簇中的点称为噪声点[35]。如图 5-8 所示，如果设定 Eps 为 1，MinPts 为 5，那么点 x_1 为核心点，点 x_2 为边界点，点 x_3 为噪声点。

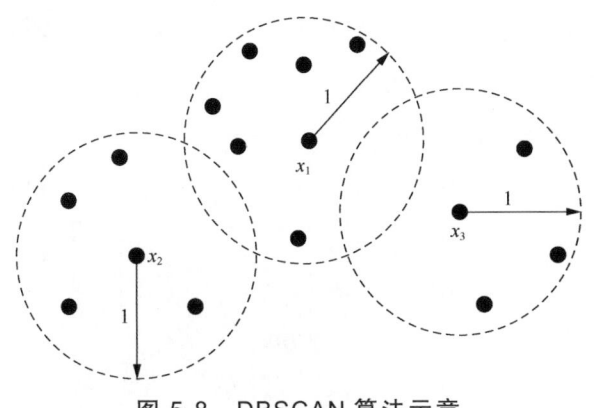

图 5-8　DBSCAN 算法示意

边缘数据中心光网络具有复杂的网络特征。随着边缘新型业务不断兴起，边缘数据中心光网络产生的数据量越来越大，数据分布也存在不确定性特征。DBSCAN 算法在完成数据聚类的同时也可以发现离群数据点，因此可用来进行无异常标签下的异常预测。

5.3.3　仿真结果分析

在训练有监督 DNN 异常预测模型的过程中，不同的网络数据集可能需要不同的训练轮数。训练轮数与预测准确度的关系如图 5-9 所示。图中，虚线柱状图表示异常数据的实际数量，红色柱状图表示异常数据的预测数量，黑色折线表示预测准确度。在训练轮数增加的同时，有监督 DNN 异常预测模型可以识别更多的异常数据，提高预测准确度。

不同的光网络节点在硬件配置、性能要求、网络承载业务等方面是截然不同的。因此，不同网络节点的数据具有很强的不一致性，需要针对不同的网络节点，构建不同的 DNN 分类模型。合适的结构和参数可以大大提高模型的预测准确度。不同网络节点的异常预测结果如图 5-10 所示，图中黑色柱状图表示异常数据的实际数量，红色柱状图表示异常数据的预测数量，黑色折线表示预测准确度。可以看出，有监督 DNN 异常预测模型预测不同网络节点的异常数据的准确度很高。

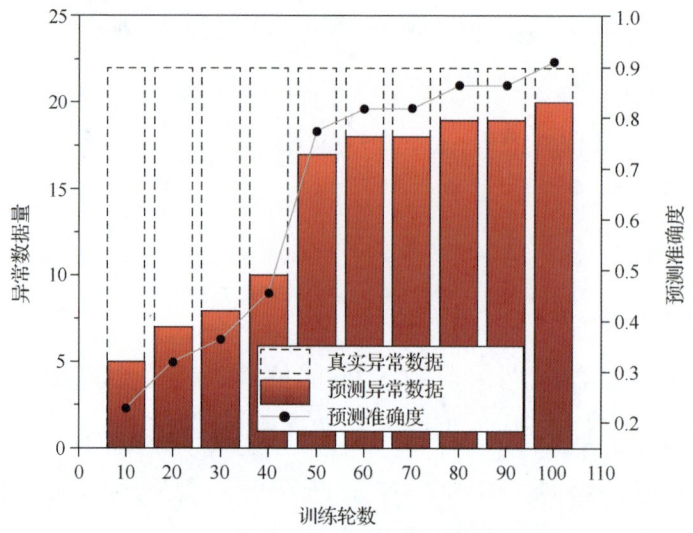

图 5-9　不同训练轮数时的预测准确度

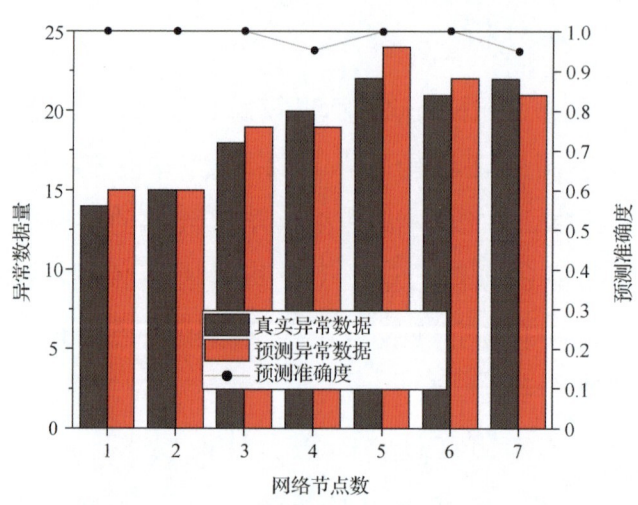

图 5-10　不同网络节点的预测准确度

有监督 DNN 异常预测模型可能会将正常数据预测为异常。例如在网络节点 1 中，实际异常数据只有 14 个，而该模型预测出 15 个异常数据。此外，还有一些异常数据没有被成功预测。为了更好地衡量预测准确度，使用 F1 分数作为评估指标。它综合考虑了模型的准确度和召回率。F1 分数包括 3 个指标：真阳性（True Positive，TP）、假阳性（False Positive，FP）、假阴性（False Negative，FN）。真阳性数据表示被正确预测的异常数据，假阳性数据表示被预测为异常的正常数据，假阴性数据表示被预测为正常的异常数据。召回率、准确度和 F1 分数可以分别通过式（5-4）～式（5-6）计算：

$$准确度 = \frac{TP}{TP+FP} \tag{5-4}$$

$$召回率 = \frac{TP}{TP+FN} \tag{5-5}$$

$$F1分数 = 2 \times \frac{准确度 \times 召回率}{准确度 + 召回率} = \frac{2TP}{2TP+FP+FN} \tag{5-6}$$

从上面的分析来看，预期的结果是真阳性数据多、假阳性数据和假阴性数据少。在实际网络运维中，为了避免网络异常造成的一系列不良后果，较低的误报率是可以接受的，因为网络瘫痪造成的成本损失远高于排查网络异常的人工成本。因此，希望能尽可能准确地预测到异常数据，即假阴性数据比较少。F1 分数分析的结果如图 5-11 所示，图中灰色柱状图表示真阳性数据的数量，黑色柱状图表示假阳性数据的数量，红色柱状图表示假阴性数据的数量，折线表示异常预测的 F1 分数。可以看出，在大多数情况下，假阴性数据的个数为 0 或 1，符合对异常预测的预期。不可避免地，大多数网络节点都有少量的假阳性数据，这并没有给光网络中的异常预测带来太大的负担。

本小节还比较了机器学习中的不同分类算法，如 SVM 算法、分类回归树（Classification and Regression Tree，CART）算法和 KNN 算法。图 5-11 中标出了不同算法的 F1 分数，能够看出 DNN 分类模型的准确度是最高的。综合来看，对于多指标的网络场景，有监督 DNN 异常预测模型可以提高约 15% 的预测准确度，这增强了边缘数据中心光网络运行的稳定性。

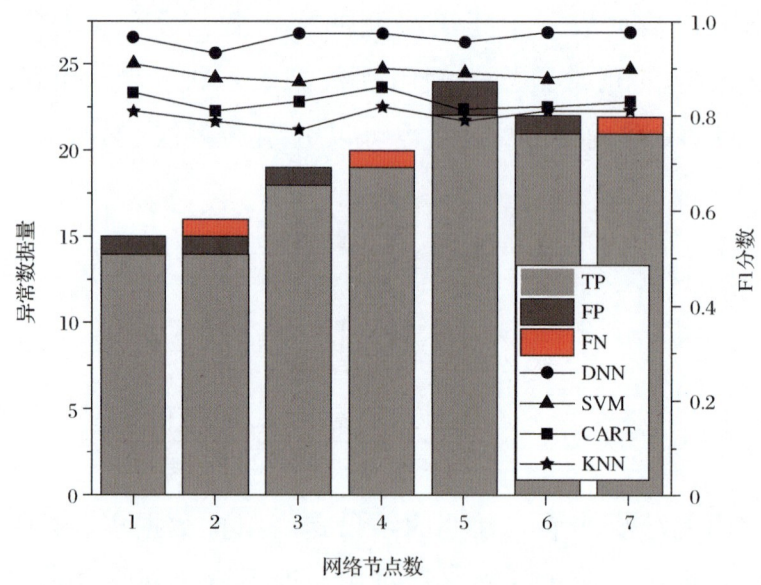

图 5-11　不同网络节点使用不同分类模型的异常预测结果对比

在实际网络维护环境中，具有真实异常标签的网络节点很少。在本小节实验使用的数据集中，仅有 7 个网络节点有异常标签，其他几十个网络节点均没有异常标签。在没有异常标签的情况下预测这些网络节点潜在异常同样重要。

本节介绍的无监督聚类异常预测模型使用 DBSCAN 算法对没有异常标签的网络节点预测结果进行聚类。模型的输入是与光功率高度相关的参数的预测结果，包括 avgInOptP、avgOutOptP、avgRtt、maxRtt、minRtt 等；模型的输出为聚类的结果。由于没有真实标签来确定聚类结果的准确度，这里使用 CH 分数来评估异常预测的效果。CH 分数是簇与簇之间的数据相异程度与簇内部数据相同程度的比值。CH 分数越大则代表聚类效果越好。使用不同的无监督聚类算法对未来时间序列中的异常数据进行聚类，聚类结果如图 5-12 所示。图中，红色柱状图表示 DBSCAN 算法的 CH 分数，黑色柱状图表示局部离群因子（Local Outlier Factor，LOF）算法的 CH 分数，灰色柱状图表示孤立森林（Isolation Forest，iForest）算法的 CH 分数。在计算 CH 分数时，各聚类算法均采用了最合理的参数。可以看出，DBSCAN 算法的 CH 分数在不同的光网络单元中均高于其他无监督聚类算法，即基于 DBSCAN 算法的无监督异常预测模型具有更好的聚类效果。

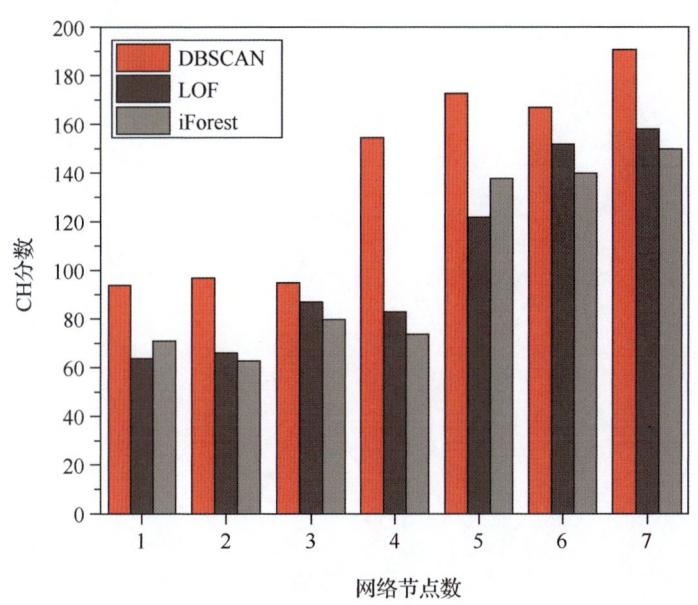

图 5-12　不同网络节点使用不同无监督聚类算法的 CH 分数对比

5.4　本章小结

本章首先介绍了基于深度学习的边缘数据中心光网络异常预

测框架。然后以该框架为基础，从提高光网络异常预测效率和准确度等角度，介绍了基于 LSTM 网络的异常预测模型与有监督/无监督混合的异常预测模型。最后，通过搭建仿真平台，在真实的边缘数据中心光网络数据集中进行对比测试，从预测准确度等角度验证了上述框架、模型的可行性和优越性。

第6章 边缘数据中心光网络故障定位技术

由于 5G 时代和后 5G 时代高带宽、大连接、广覆盖的特征，边缘数据中心光网络的节点与链路数量日趋增多，网络结构也日益复杂，因此存在更多的故障风险。本章介绍的基于深度神经进化网络（Deep Neuro Evolution Network，DNEN）的高精度故障定位方法，可以有效地实现对边缘数据中心光网络故障节点的精准定位。

6.1 大规模告警信息下的光网络故障定位方法概述

边缘数据中心光网络承载着高速率的数据传输，一旦光网络节点或链路发生故障，将导致巨大的数据损失，严重影响业务的传输质量。因此，对光网络故障的定位越精准、迅速，越能够为故障的应对与恢复提供有力支撑。然而，边缘数据中心光网络的结构日益复杂，这使得故障一旦发生，就会产生海量的告警信息，这无疑增加了精准故障定位的难度。如何从大规模告警集中去除噪声信息，挖掘故障信息间的关联，实现精准故障定位，对保障边缘数据中心光网络的正常运行至关重要。

6.1.1 基于人工智能的故障定位方法概述

边缘数据中心光网络中的故障可能由节点故障、链路中断、恶意攻击等造成，任何故障都可能导致大规模的服务中断和严重的网络阻塞，给运营商和用户带来巨大的经济损失。2020 年，国际数据公司（International Data Corporation，IDC）通过调研全球 205 家不同行业、不同规模的企业数据中心网络的情况，发布了《数据中心网络自动驾驶指数报告》。该报告显示，企业每年会经历两次云服务中断，企业停机的平均成本为每小时 25 万美元。这意味着仅停机 4 小时就会给企业造成 100 万美元的损失。将大规模告警信息映射到可疑故障集是一个极度非凸问题，精准的映射结果对应全局最优解。同时，从大规模告警信息中定位故障，已经被证明是一个非确定性完全（Non-deterministic Polynomial Complete，NPC）问题，并引起了研究人员的广泛关注[29]。与此同时，包括机器学习和深度学习在内的人工智能方法以出色的拟合和自学习能力被广泛应用于各个领域。许多研究人员提出了基于人工智能的故障定位方法，如 SVM、贝叶斯网络及 DNN 等。

Ruiz 等人基于贝叶斯网络对光网络故障定位进行建模，提出了一种改进的故障定位方法，可用来提升虚拟网络拓扑中的服务质量[36]。然而，贝叶斯网络识别网络中新出现故障的准确度较低。文献[37]提出了一种面向 SDON 的感知机制，这项工作通过控制器和交换机之间周期性的信息交互实现中心化网络的故障监测。该方法的定位准确度高，但信息交互存在额外的分析过程，这会使定位时延较长。Rafique 等人提出了面向光网络故障管理的认知保障机制，通过预训练的机器学习模型来分析监控器收集到的告警信息，进而得到可疑故障集[38]。该方法具有较低的定位时延，但定位准确度受到训练数据集的制约。

综上所述，与基于人工的故障定位方法相比，基于人工智能的故障定位方法可以从告警信息中提取深度隐藏的故障特征，实现故障定位准确度的突破。然而，基于人工智能的故障定位方法存在以下 3 个方面的不足。

（1）梯度限制。DNN 具有固定的网络拓扑结构，并且通过梯度下降算法调整网络参数。由于对梯度的强依赖性，梯度下降算法容易陷入局部最优，降低了大规模告警集下的故障定位准确度。

（2）神经网络结构复杂。根据万能逼近定理，DNN 可以通过增加隐藏单元的数量来提高模型的拟合效果[39-40]。然而，复杂的神经网络结构会导致计算复杂度的增加，使得定位时延与计算成本相应增大。

（3）噪声干扰。不相干的告警信息交叠在一起会增加告警集噪声，缺乏对噪声的有效抑制将进一步降低故障定位的准确度[41-42]。

6.1.2　高精度故障定位挑战

故障与告警信息之间存在非线性的时空相关性。在空间域中，当发生故障时，所有经过该故障的下游节点都会受到影响。在时间域上，告警信息的产生具有时序性，也就是说，一个故障可能触发多个告警，甚至导致其他故障。而 5G 时代和后 5G 时代，在边缘数据中心光网络场景下，故障与告警信息间的时空相关性变得更加复杂，系统潜在状态及节点间交互增多，故障的根本原因更加难以确定。此外，随着分布式软件架构的流行，各服务间的调用关系同样日趋复杂，一旦发生故障，故障的传播将难以控制。因此，在边缘数据中心光网络中，实现高精度故障定位仍然存在以下现实挑战。

（1）准确度。将大规模告警信息映射到准确的故障位置是一个极度非凸的问题，精准的映射结果对应于全局最优解。告警集越大，则故障搜索空间越大。另外，在边缘数据中心光网络场景下，故障的影响可以体现在多维度告警信息中。例如，当网络中出现光接口故障时，链路和节点的告警信息都会相应增加，很难判断故障的确切原因是链路还是设备节点，抑或二者间的交叉故障，而这些可能性进一步扩大了问题的搜索空间。

（2）时延。由于很多业务对服务质量和用户体验的要求极高，所以对故障定位的时延容忍度极低。只有快速定位故障位置，各层路由协议才能及时地调整路由、规避故障节点、恢复数据传输。在考虑时延的情况下，研究人员提出了许多近似推理方法（如贝叶斯网络），但都以降低准确度为代价[43]。因此，准确度和时延之间的平衡对提高边缘数据中心光网络的可靠性至关重要。

（3）噪声。故障与告警信息间的时空相关性复杂，一个故障可能会产生多个连续告警信息，一个告警信息可能源自多个故障。例如，一个通用公共无线接口（Common Public Radio Interface，CPRI）故障可能导致数十个光纤链路告警和多个光模块电源告警。因此，告警信息的增加并不意味着有用信息的增加，有必要对故障传播模型中的噪声进行有效抑制，以提高故障定位的准确度与稳定性。

6.2　深度神经进化网络

传统 DNN 采用梯度下降算法对单个神经网络模型进行优化，其中梯度指引了优化的目标：通过调整神经网络参数，使梯度滑动到极值，获取最优解。因此，诸如随机梯度下降（Stochastic Gradient Descent，SGD）等基于梯度的训练方式对初始神经网络拓扑具有很强的依赖性，一旦初始神经网络的结构不恰当，神经网络输出的准确度将受到很大的影响。而 DNEN 将进化的思想应用于神经网络的迭代，提供了一种同时改变神经网络拓扑和参数的训练方式。DNEN 基于原始神经网络创造新的神经网络，并通过适应度筛选下一代的起始神经网络，迭代会一直进行，直至获取最优解。如图 6-1 所示，在迭代过程中，使用梯度下降进行参数更新的网络易陷入局部最优，而 DNEN 能够凭借更大的自由度获取全局最优解。同时，借助多线程或多核计算模型，DNEN 可以大幅缩短神经网络的训练时间。

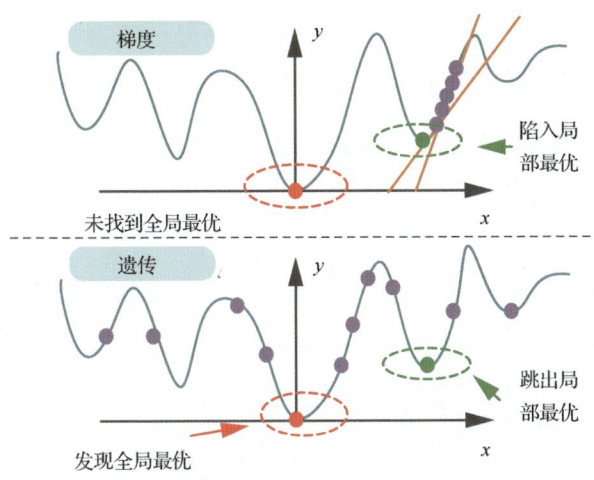

图 6-1　基于梯度与进化理论的迭代示意图

在 DNEN 中，每个个体的存储方式不再是复杂的神经网络，而是基因组。基因组是一种简化的遗传表示，与网络拓扑互为映射。如图 6-2 所示，DNEN 的基因组包括一系列连接两个节点的连接基因，连接基因由输入节点（In）、输出节点（Out）、连接权值（Weight）、表征是否连接的使能位（Enabled 或 Disabled）和用于重组时寻找相应基因的创新数（Innovation，用 Innov 表示）组成。基因组结构的改变包括连接改变和节点改变。在连接改变中，两个先前未连接的节点被重新连接；在节点改变中，现有的连接被拆分为两个新连接和一个新节点，该节点被放置在旧连接的位置。

DNEN 通过突变或重组改变基因组结构。突变让后代基因组探索神经网络的新结构、权重和超参数，重组本质上是将两个基因组及其特征融合。突变与遗传编码紧密相关，因为神经网络的参数只能突变到以遗传编码表示的程度。重组不会突变基因组，如果重组方法设计得当，可以无损地融合两个亲本基因组的有益特征，并将其在整个神经网络群体中传播。然而，重组的核心在于"无损融合"，新增节点和删除节点等突变操作会产生交叉损失。针对上述问题，DNEN 为每个突变提供了唯一的标识符，当新节点或新连接生成时，为其指定一个创新数，两个个体的基因型通过匹配相应的创新数进行排列，只交换不同的元素，从而最终实现基因组的无损重组。

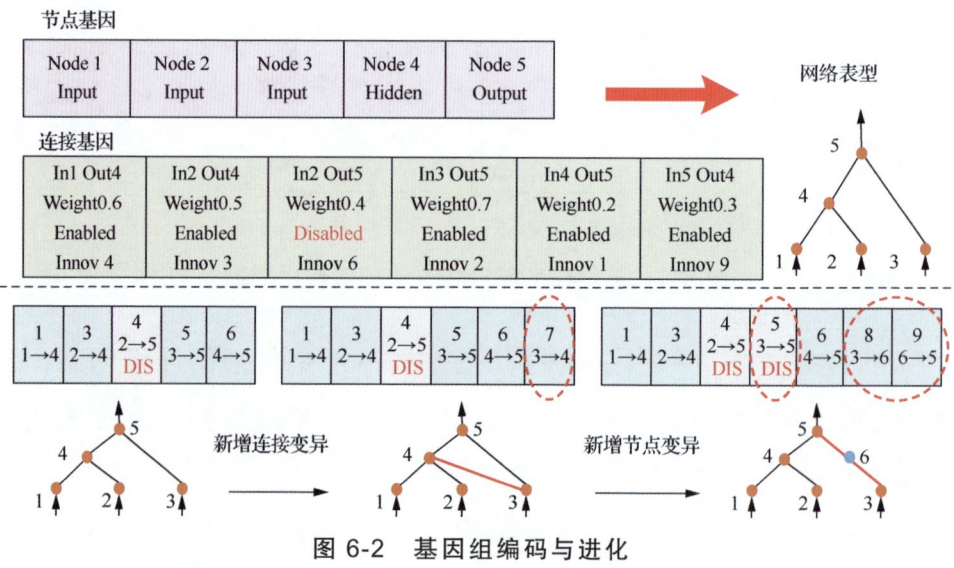

图 6-2　基因组编码与进化

在迭代过程中，将损失函数作为适应度来评估基因组同样必不可少。DNEN 通常选择前 20%的基因组作为亲本神经网络，并且在下一次迭代中淘汰 90%表现最差的基因组。

6.3　基于深度神经进化网络的故障定位方法

本节介绍一种基于 DNEN 的故障定位（Fault Location based on DNEN，FL-DNEN）方法。该方法由改进的故障传播模型和 DNEN

监督学习模型组成。改进的故障传播模型引入了阈值机制，可以抑制告警信息中的噪声，并从告警信息中获取可疑故障集。DNEN 监督学习模型以可疑故障集为输入，能够输出准确的故障位置。

6.3.1　改进的故障传播模型

在多数故障定位系统中，故障传播模型是故障定位的基础。在故障传播模型中，告警信息和实际故障分别反映了故障定位问题的表象和本质。告警信息与故障之间没有强相关性，故障传播模型能够建立二者的关系，并从告警信息中推断出可疑的故障范围。考虑到告警集中存在的噪声，本小节介绍一种阈值机制来限制节点故障的数量，以改进故障传播模型。具体来说，由于边缘数据中心光网络建设和服务部署对平均无故障时间的要求，光网络同时发生多个节点故障的概率极低。例如，光网络节点的平均无故障时间通常为 $1000\sim10,000h$，这意味着故障概率为 $0.001\sim0.0001$。基于上述故障概率，在具有 1000 个节点的光网络拓扑中，同时发生 5 个以上节点故障的概率小于 0.0001。在这种情况下，节点故障的阈值被设置为 4，对定位准确度几乎没有影响。

典型的 SDON 故障场景及对应告警信息和可疑故障集如图 6-3 所示。在物理平面中，光分组交换节点构成网状网络；在控制平面中，控制器从部署在网络中的一系列监测设备中收集包括告警信息在内的操作和维护数据，并基于改进的故障传播模型对告警信息进行分析。由于光网络拓扑的连通性，当链路 f 发生故障时，控制器可以采集大量告警信息，如异常的输入/输出光功率等。改进的故障传播模型将告警集映射为可疑故障集，并将其输入 DNEN 监督学习模型中。改进的故障传播模型如算法 6-1 所示。

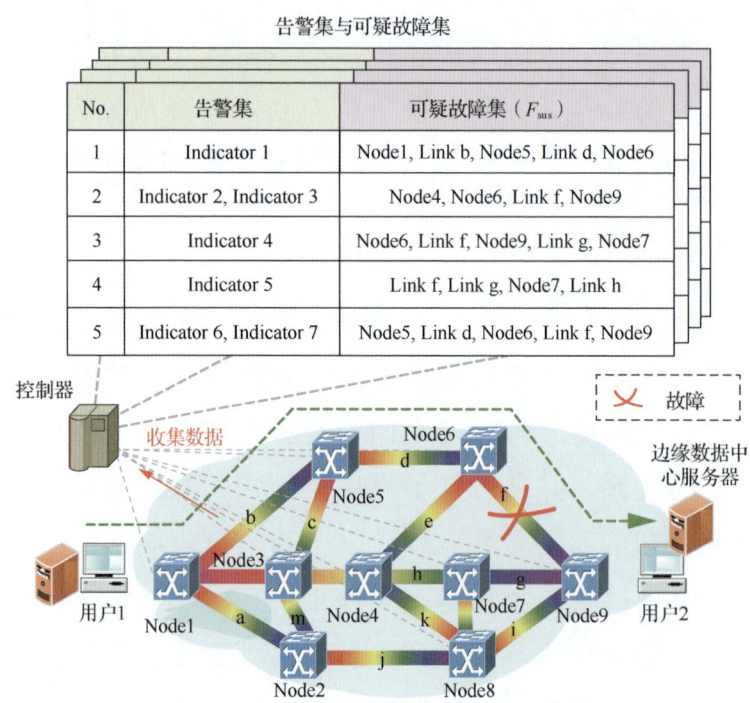

图 6-3　SDON 故障场景及对应告警信息和可疑故障集

算法 6-1：改进故障传播模型	
1： **begin**	13：　获得 L_f 的第一个元素 F_{anaFi}，从 L_f 移除它
2：预处理模型并将 $A_{N'}$ 中的元素按照降序排列	14：　获得 L_a 的第一个元素 $A_{needana}$，从 L_a 移除它
3：获得 $A_{N'}$ 的第一个元素 A_i 及 F_{Si}	15：　获得 $A_{needana}$ 的第一个元素 A_i，生成 F_{Si}
4： **for** F_{Si} 中的所有 F_k **do**	16：　**for** F_{Si} 中的所有 F_k **do**
5：　**if** $\{A_{N'}-A_i\}=\varnothing$	17：　　**if** $|F_{anaFi}|+1 \geqslant A_{i\_F}$ 或 $|A_{needana}-A_i|==0$
6：　　将 $\{F_k\}$ 添加到 F_{re}	18：　　　将 $F_{anaFi} \cup \{F_k\}$ 添加到 F_{re}
7：　**else**	19：　　**else**
8：　　将 $\{F_k\}$ 添加到 L_f	20：　　　将 $F_{anaFi} \cup \{F_k\}$ 添加到 L_f
9：　　将 $\{A_{N'}-A_i\}$ 添加至 L_a	21：　　　将 $A_{needana}-A_i$ 添加到 L_a
10：　**end**	22：　　**end**
11： **end for**	23：　**end for**
12： **while** (L_f!=null) **do**	24： **end while**
	25： **end begin**

　　该算法的基本原理：收集所有由告警集引起的可疑故障集。针对可疑故障集中的每个故障，引入一个阈值，即故障所能导致的告

警信息的最小数量。如果故障所能导致的告警信息数量小于阈值，则认为与故障相对应的告警为假，将其从告警集中移除。同时，相应的故障将从可疑故障集中移除，只有与处理后的告警和故障直接相关的节点和链路才能得到保留。具体的运行过程如下。

首先是初始化过程。进行模型预处理，并将告警集 $A_{N'}$ 中的元素按照降序排列。获得 $A_{N'}$ 的第一个元素 A_i，找到导致 A_i 的故障集 F_{Si}。对于 F_{Si} 中的每个故障 F_k，从 $A_{N'}$ 中移除由该故障引起的可解释告警。将 F_k 添加到待扩展的可疑故障集 L_f，将待解释告警集 $A_{needana}$ 添加到 L_a（代码行 1～11）。

然后，根据观察到的告警集找到可疑的故障集。获得 L_f 的第一个元素 F_{anaFi}，并将其从 L_f 移除；获得 L_a 的第一个元素 $A_{needana}$，并将其从 L_a 移除。获得 $A_{needana}$ 第一个元素 A_i，生成故障集 F_{Si}。对于 F_{Si} 中的每个故障 F_k，利用它扩展原来的 F_{anaFi}，并从 $A_{needana}$ 中删除所有可由它解释的告警信息。

最后，将更新后的待扩展故障集 F_{anaFi} 和待解释告警集 $A_{needana}$ 放回相应的队列（L_f 与 L_a）中。在处理过程中，一旦所有告警都解释完毕，或者故障集的大小达到设置的最大同时故障数 A_{i_F}，则将故障集添加到结果队列 F_{re} 中，相应的 F_{anaFi} 和 $A_{needana}$ 不再放回相应的队列中。

6.3.2　DNEN 监督学习模型

本小节以改进的故障传播模型得到的可疑故障集 F_{sus} 为输入，训练 DNEN 监督学习模型，如算法 6-2 所示。

算法 6-2：FL-DNEN 方法

输入：可疑故障集 F_{sus}，其中 $F_{sus} = \{ F_{sus}(i) \mid i=1,2,\cdots \}$

输出：确定性故障集 F，其中 $F = \{ F(i) \mid i=1,2,\cdots \}$

1：初始化神经网络结构

2：	对神经网络基因组进行编码
3：	生成初始网络群体 M，size(M)=M
4：	**while** bestFitness < 阈值 **do**
5：	**for** i 从 1 到 m **do**
6：	$M_{i,\text{fitness}}$ = Fitness(M_i)
7：	选择高适应度的神经网络
8：	通过交叉和重组算法产生迭代后代
9：	bestFitness = max(bestFitness, $M_{i,\text{fitness}}$)
10：	新网络群体大小为 M，size(M)=M
11：	**end for**

为满足 DNEN 初始神经网络拓扑的随机性，需设计初始神经网络拓扑群体以建立群体库。由于 DNEN 拓扑会在进化过程中不断优化，因此无须精心设计复杂的初始结构。与传统神经网络一致，DNEN 的初始神经网络由输入层、隐藏层和输出层组成。为增加神经网络的非线性刻画能力，可在神经网络中适当地附加各种激活层。隐藏层将输入数据映射到特征空间，输出层将特征空间映射到标注空间。输入为可疑故障集 F_{sus}，输出为光网络的准确故障位置 F。输入矢量 $\boldsymbol{x}=[x_1,x_2,\cdots,x_n]$ 和相应的实际故障位置 y 构成训练样本 $\langle \boldsymbol{x},y \rangle$。

输入输出之间的神经网络模型如式（6-1）所示。其中，L 是神经网络的层数，$[n_0,n_1,n_2,\cdots,n_L]$ 对应各层网络的维度，$[\varphi^{(1)},\varphi^{(2)},\varphi^{(3)},\cdots,\varphi^{(n)}]$ 为激活函数。

$$\begin{cases} h^{(l)} = \varphi^{(l)}(\sum_{i=1}^{n_l-1} h_i^{(l-1)} w_i^{(l)} + b^{(l)}) \\ l = 1,2,\cdots,L \\ h^{(0)} = \boldsymbol{x} \\ h^{(L)} = y \end{cases} \quad （6-1）$$

其中，$[h^{(0)},h^{(1)},\cdots,h^{(l)},\cdots,h^{(L)}]$ 表示隐藏层，$[w^{(0)},w^{(1)},\cdots,w^{(l)},\cdots,w^{(L)}]$ 表示各层网络中各连接点的权重，$[b^{(0)},b^{(1)},\cdots,b^{(l)},\cdots,b^{(L)}]$ 表示各层网

络的偏置。

输入与输出之间关系如式（6-2）所示。

$$y = h^{(L)} = \varphi^{(L)}(\sum_{i_L=1}^{n_L} h_{i_L}{}^{(L-1)} w_{i_L}{}^{(L)} + b^{(L)})$$

$$= \varphi^{(L)}(\sum_{i_L=1}^{n_L} \varphi^{(L-1)}(\sum_{i_L=1}^{n_L} h_{i_{L-1}}{}^{(L-2)} w_{i_{L-1}}{}^{(L-1)} + b^{(L-1)}) w_{i_L}{}^{(L)} + b^{(L)}) \quad （6-2）$$

$$= \cdots = \varphi^{(L)}(\varphi^{(L-1)}(\cdots \varphi^{(1)}(x,\theta_1)\cdots,\theta_{L-1}),\theta_L)$$

目标函数由损失项 $L(\theta)$ 和正则项 $R(\theta)$ 组成，如式（6-3）所示。正则项 $R(\theta)$ 可避免模型过拟合，超参数 λ 可控制参数惩罚度，在性能和泛化能力之间实现平衡。

$$\min J(\theta) = L(\theta) + \lambda R(\theta) \quad （6-3）$$

对神经网络进行合理、有效的编码是实现神经进化的重要前提。DNEN 基因组包含一系列连接基因，连接基因由输入节点、输出节点、连接权值、使能位和创新数组成。对于神经元之间的连接，邻接矩阵中顶点之间的邻接关系可用图表示。对于邻接矩阵 A，如果存在有向边 $\langle i,j \rangle$，则 $A[i,j]$ 为 1，否则 $A[i,j]$ 为 0。由于神经网络的结构是有向无环图，因此可以用邻接矩阵编码表示，如式（6-4）所示。

$$q^t = \begin{pmatrix} |\Phi_{11}^t>|\Phi_{12}^t>\cdots|\Phi_{1n}^t> \\ |\Phi_{21}^t>|\Phi_{22}^t>\cdots|\Phi_{2n}^t> \\ \vdots \quad \vdots \quad \vdots \\ |\Phi_{n1}^t>|\Phi_{n2}^t>\cdots|\Phi_{nn}^t> \end{pmatrix} = \begin{pmatrix} \alpha_{11}^t & \alpha_{12}^t & \cdots & \alpha_{1n}^t \\ \beta_{11}^t & \beta_{12}^t & \cdots & \beta_{1n}^t \\ \alpha_{21}^t & \alpha_{22}^t & \cdots & \alpha_{2n}^t \\ \beta_{21}^t & \beta_{22}^t & \cdots & \beta_{2n}^t \\ \vdots & \vdots & & \vdots \\ \alpha_{n1}^t & \alpha_{n2}^t & \cdots & \alpha_{nn}^t \\ \beta_{n1}^t & \beta_{n2}^t & \cdots & \beta_{nn}^t \end{pmatrix} \quad （6-4）$$

在有向无环图中，$A[i,j]$ 为 0，因此初始化结构如式（6-5）所示。

$$q^{t0} = \begin{pmatrix} 1 & 2/2 & \cdots & 2/2 \\ 0 & 2/2 & \cdots & 2/2 \\ 2/2 & 1 & \cdots & 2/2 \\ 2/2 & 0 & \cdots & 2/2 \\ \vdots & \vdots & & \vdots \\ 2/2 & 2/2 & \cdots & 1 \\ 2/2 & 2/2 & \cdots & 0 \end{pmatrix} \qquad (6\text{-}5)$$

图 6-4 所示为双亲神经网络通过突变和重组产生后代。对于重组，具有相同历史起源的两个基因组具有相同的结构至关重要，因为它们是由同一亲本在上一代产生的。因此，必须知道哪些基因应该排列，以追踪每个基因的历史起源。具体来说，有必要保留一个全局计数器。当一个神经元或连接被增加时，计数器值应该被分配并设置增量。重组时，具有相同创新数的双亲神经网络的基因对齐。一对亲本基因的相容性可以通过未连接基因和超出基因的数量来衡量。一对基因越不相连，历史渊源就越少，相容性就越差。因此，可以根据未连接基因 U、超出基因 E 和匹配的平均权值 W 来计算 DNEN 中两种神经网络拓扑的相容性 δ，如式（6-6）所示。系数 a、b、c 用于调整这 3 个因素的权重。N 是较大基因组中的基因数，用于归一化基因组大小。

$$\delta = \frac{aE}{N} + \frac{bU}{N} + cW \qquad (6\text{-}6)$$

除了突变和重组，适应度的筛选同样至关重要。在迭代过程中，根据适应度进行筛选从根本上说是一个过程，即先将基因组映射到由其遗传编码规定的神经网络，并将其应用于故障定位问题中，然后根据神经网络的表现计算适应度值。作为各神经网络的适应度，损失函数的值越小，适应度越高。也就是说，适应度较高的神经网络具有繁殖后代和保持良好特性的优势。重复上述迭代过程，直至新神经网络的适应度满足故障定位的准确度要求。

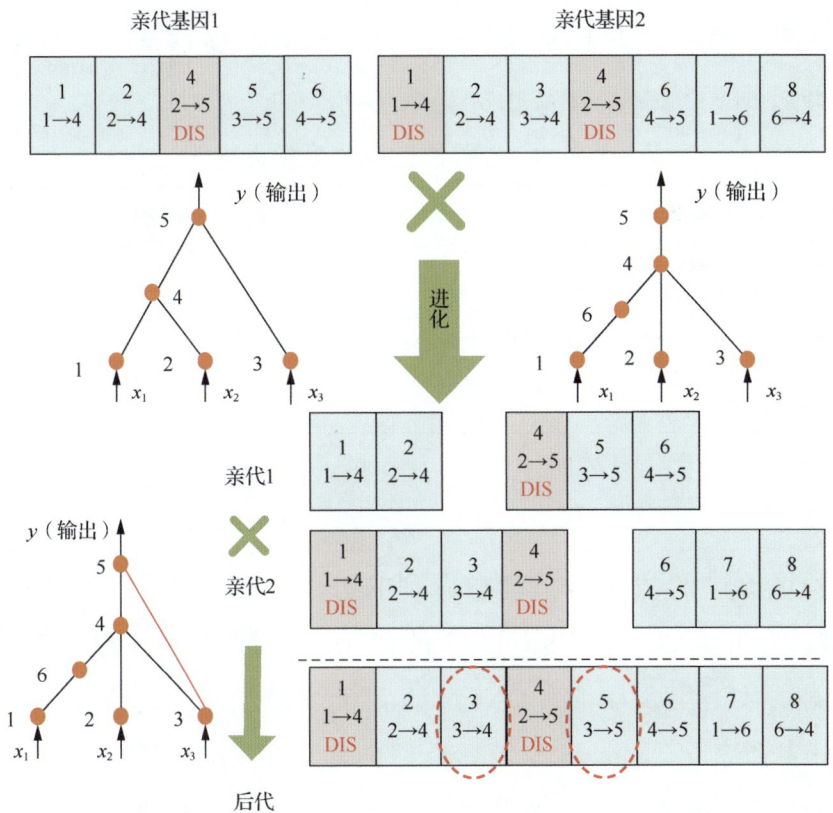

图 6-4　双亲神经网络通过突变和重组产生后代

6.4　仿真结果分析

本节对 FL-DNEN 方法在多个指标维度的效果进行验证。

6.4.1　仿真环境与模型训练

仿真训练平台基于 8 核 2.20GHz CPU 与双核 NVIDIA GTX TITAN XP GPU 搭建，代码基于深度学习框架 Keras 2.1.0 生成。数据来源为网络运营商管理系统及 OpenStack 系统，包含历史故障数据和相应的告警信息。数据起始时间为 2019 年 11 月，周期为 90 天，共包含来自 4510 个节点的 50 万量级告警信息。其中，每个故障独立发生，各故障间没有相关性。告警信息格式一致，包括告警名称、设备端口、起止时间、网络元件名称、链路名称、异常指标和告警级别。其中，异常指标见表 6-1。

表 6-1　告警信息中的异常指标

异常指标	单位
输出光功率	dBm
输入光功率	dBm
激光器温度	℃
偏置电流	A
前向纠错误码率	%
单板温度	℃

利用改进的故障传播模型得到的可疑故障集作为 DNEN 监督学习模型的输入，按照 8：1：1 的比例分配训练数据集、验证数据集和测试数据集。为训练 DNEN 监督学习模型，需设计初始的神经网络拓扑结构（群体），本仿真模型创建了值为 100 的初始群体库。由于 DNEN 结构会在进化过程中不断优化，因此无须设计复杂的初始群体。在本仿真模型中，可疑故障集的最大故障数为 20，因此定义输入层维度为 20。初始群体的结构见表 6-2。表中，None 表示 batch（批）大小可变，总参数量为 1771，需训练参数量为 1671，训练参数常量为 100。在 3 个全连接层（dense_1、dence_2、dence_3）的基础上，引入归一化层（batch_normalization）加速收敛，并引入正则化层（dropout_1）避免过拟合。此外，神经网络附加了多个激活层，包括 ReLU 函数和 Sigmoid 函数，以提升神经网络的非线性刻画能力。输出层维度为 1，对应准确的故障位置。

表 6-2　初始群体的结构

层（类型）	输出形式	参考值
dense_1（Dense）	(None, 50)	1050
batch_normalization_1	(None, 50)	200

续表

层（类型）	输出形式	参考值
dropout_1（Dropout）	(None, 50)	0
dense_2（Dense）	(None, 10)	510
activation_1（Activation）	(None, 10)	0
dense_3（Dense）	(None, 1)	11
activation_2（Activation）	(None, 1)	0

在训练阶段，训练轮数为 50，初始群体规模为 100。从图 6-5可以看出，初始群体规模为 100 的故障定位准确度最高。不难分析，初始群体规模过小会导致神经网络结构的样本量不足；规模过大，则会影响训练结果的收敛性。为定义交叉函数，首先选择连接相邻层的权重集，然后将这些权重替换为给定的两个网络。对于随机变异，以 0.15 的概率随机选择权重值，然后以-0.3～0.3的随机数改变权重值，如图 6-6 所示，-0.3～0.3 的随机变异权重值具有符合期望的训练结果。

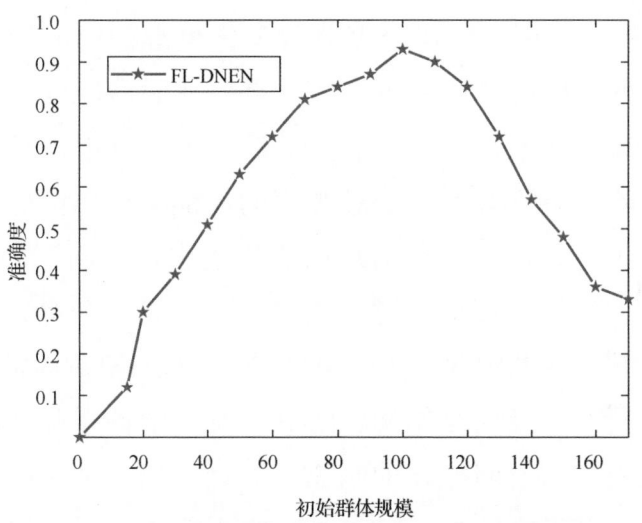

图 6-5　不同初始群体规模下的故障定位准确度

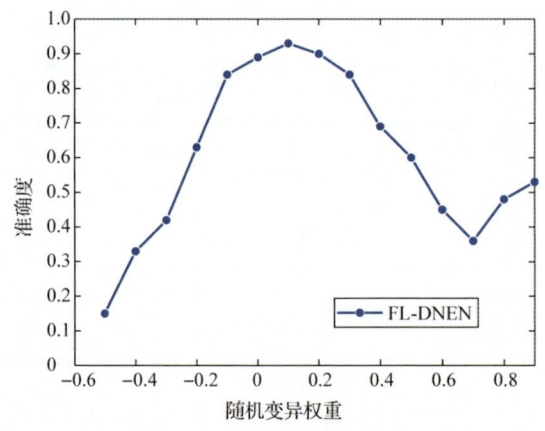

图 6-6　不同随机变异权重下的故障定位准确度

6.4.2　仿真结果分析

本节将 FL-DNEN 方法与基于 DNN 的故障定位（Fault Location based on DNN，FL-DNN）方法和基于 SVM 的故障定位（Fault Location based on SVM，FL-SVM）方法在多个指标维度进行了对比。

FL-DNEN 方法在故障传播模型中引入了阈值处理机制来抑制告警信息中的噪声。图 6-7 和图 6-8 分别展示了 FL-DNN 法和 FL-DNEN 法是否引入噪声处理对故障定位准确度的影响。仿真结果表明，在小规模告警信息下，有噪声处理的准确度与无噪声处理基本相同，甚至略低，原因在于告警信息中的有用信息很可能也被阈值机制消除。但随着告警信息规模的增加，有噪声处理的准确度明显高于无噪声处理。告警信息的规模越大，准确度的提升越大，说明在面对大规模告警信息时，需引入必要的噪声处理机制。

图 6-9 所示为 DNEN 各群体的规模随训练轮数的演变，不同的颜色表征不同的神经网络结构。随着训练轮数的增加，DNEN 中不同群体的规模处在不断变化的状态。训练初始，仅存在的一个群体对应表 6-2 中的初始群体。随着训练的不断进行，亲本群体不断交叉和重组，越来越多新的群体被生成。在进化过程当中，可将故障定位准确度作为群体适应度。对于一个特定的群体，适应度越高，

代表该群体的性能与其他群体相比更加优越，即更有可能产生后代群体。最后，选择满足故障定位准确度要求的，结束训练过程。

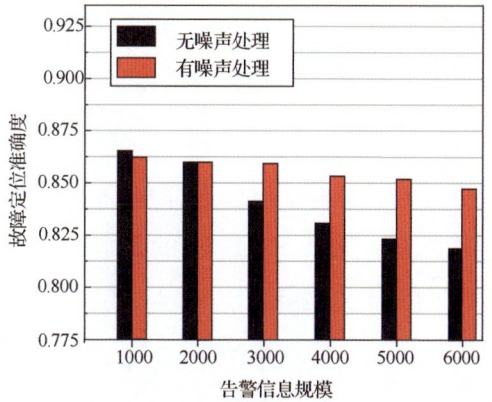

图 6-7　FL-DNN 是否引入噪声处理对故障定位准确度的影响

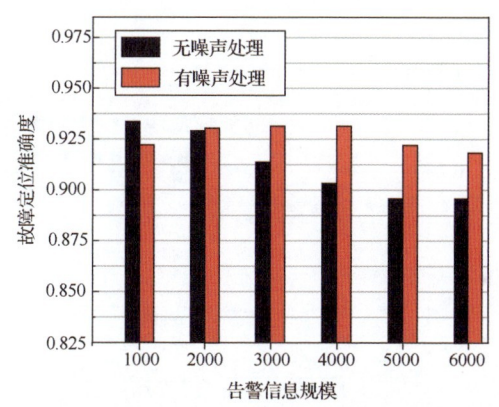

图 6-8　FL-DNEN 是否引入噪声处理对故障定位准确度的影响

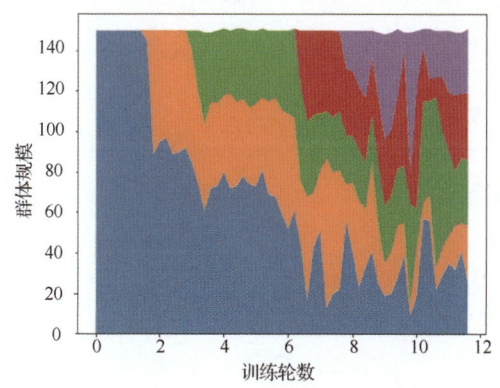

图 6-9　DNEN 各群体规模随训练轮数的演变

图 6-10 所示为万量级告警信息规模下，各故障定位方法准确度随训练轮数的变化。在训练早期阶段，由于 DNEN 的初始群体是随机生成的，FL-DNEN 方法的故障定位准确度低于 FL-DNN 方法和 FL-SVM 方法。但随着训练轮数的增加，DNEN 模型中具有更高适应度的群体被筛选出来，表现为 FL-DNEN 方法故障定位准确度的上升趋势较明显，收敛后的准确度最高。仿真结果表明，在万量级告警信息规模下，FL-DNEN 方法的故障定位准确度可以达到 92%以上，这得益于 DNEN 模型优越的全局搜索能力。结果表明，与传统 DNN 相比，FL-DNEN 方法的故障定位准确度提升了 5%～8%，在实现边缘数据中心光网络高精度故障定位方面具有广阔的应用前景。

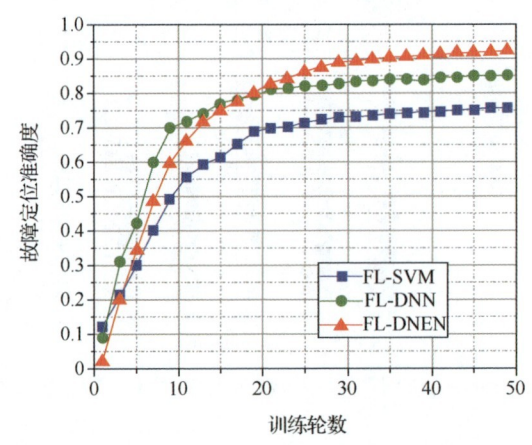

图 6-10 万量级告警信息规模下，各故障定位方法准确度随训练轮数的变化

图 6-11 所示为告警信息规模为 100～20,000 时，3 种故障定位方法的故障定位准确度对比。这 3 种方法各具优势，因此在小规模数据集上的定位效果差别不大。而在大规模告警信息中，告警信息与实际故障间潜在的关系更加复杂。由于二次规划在大规模数据集上的缺陷，FL-SVM 方法的故障定位准确度仅约为 75%。而与 FL-DNN 方法相比，FL-DNEN 方法突破了梯度求解易陷入局部最

优的瓶颈，故障定位准确度提升了 6%～8%，全局搜索能力得到了充分体现。

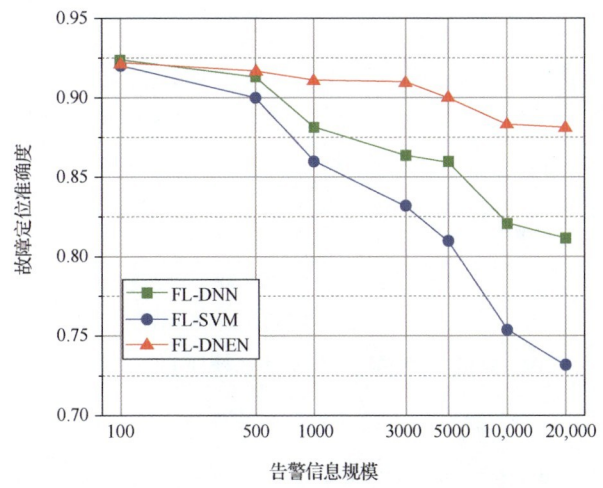

图 6-11　3 种故障定位方法的故障定位准确度对比

漏警率过高意味着许多故障无法及时定位和避免，会导致大量业务连接中断及严重的网络拥塞。因此，故障定位方法应尽可能地减少漏警的发生。如图 6-12 所示，FL-DNEN 方法在不同的告警信息规模下，漏警率均为最低，在大规模告警信息下，漏警率的优越性尤其明显。减少漏警的实质是尽可能地从海量告警信息中提取出深层隐藏的故障特征，通过神经网络将更多的故障特征映射到特征空间，以得到更准确的结果。显然，FL-DNEN 方法具有更强的特征提取能力。

虚警率过高意味着很多正常网络部件被定位为故障。虽然规避这些部件不会导致服务的中断，但可能会造成网络资源的严重浪费甚至网络阻塞。事实上，FL-DNN 方法在验证数据集上的虚警率远低于测试数据集，这意味着 FL-DNN 方法存在严重的过拟合现象。与此相反，FL-DNEN 方法在适应度的筛选下可以排除具有过拟合风险的神经网络。如图 6-13 所示，FL-DNEN 方法的虚警率在测试数据集中更小。

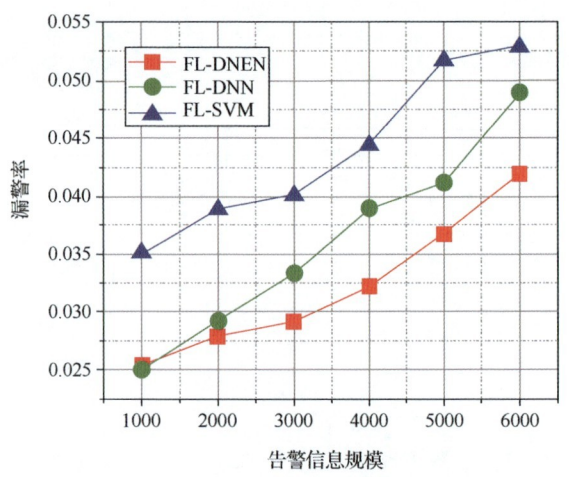

图 6-12　不同告警信息规模下的漏警率

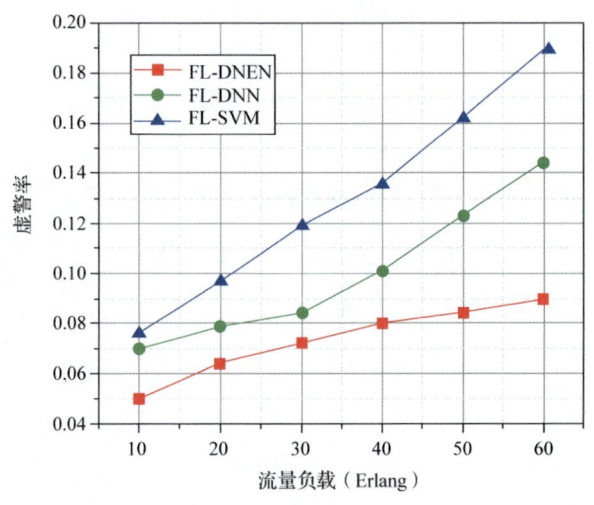

图 6-13　不同流量负载下的虚警率

故障定位时间是故障传播模型和神经网络模型所需时间的总和。如图 6-14 所示，由于 FL-DNEN 方法二次收敛，时间复杂度为 $O(e^2)$；FL-SVM 方法的时间复杂度与样本 N 和特征维数 d 密切相关，为 $O(dN^2)$。同时，与 FL-SVM 方法和 FL-DNN 方法分别依赖穷举测试和多层网络结构得到两个超参数不同，FL-DNEN 方法中的群体可以采用多线程或多核计算模型进行独立进化，因此 FL-DNEN

方法具有最快的收敛速率。与 FL-DNN 和 FL-SVM 相比，FL-DNEN 可以节省一半以上的训练时长。如图 6-15 所示，与 FL-SVM 方法和 FL-DNN 方法相比，FL-DNEN 方法的故障定位时间较短，特别是面对大规模告警信息时，FL-DNEN 方法可以节省 0.5s 以上的定位时间。显然，在提高故障定位准确度的同时，FL-DNEN 方法并不以牺牲时间为代价。

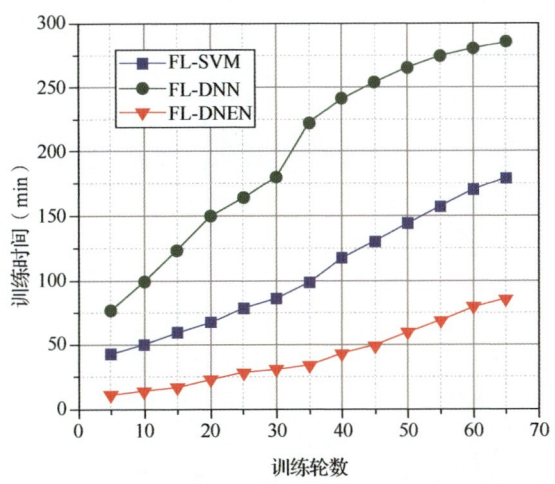

图 6-14　神经网络训练时间随训练轮数的变化

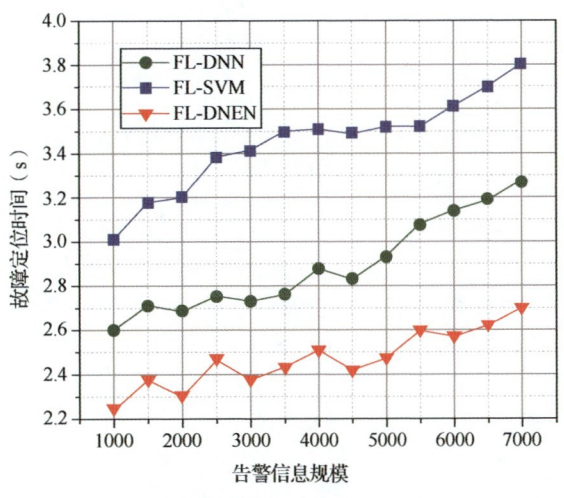

图 6-15　不同告警信息规模下的故障定位时间

6.5　本章小结

　　本章通过引入 DNEN，介绍了一种面向大规模告警信息集的高精度故障定位方法。该方法包含改进的故障传播模型和 DNEN 监督学习模型两个部分，突破了传统深度学习方法易陷入局部最优的不足，尤其提升了大规模告警信息集下的故障定位准确度。仿真结果表明，FL-DNEN 方法可以在万量级告警信息规模下，将故障定位准确度提升至 92%。

参考文献

[1] TANG X, CAO C, WANG Y, et al. Computing Power Network: The Architecture of Convergence of Computing and Networking Towards 6G Requirement[J]. China Communications, 2021, 18(2): 175-185.

[2] YAN F, XUE X, CALABRETTA N. HiFOST: A Scalable and Low-latency Hybrid Data Center Network Architecture Based on Flow-controlled Fast Optical Switches[J]. Journal of Optical Communications and Networking, 2018, 10(7): B1-B14.

[3] PUTHAL D, OBAIDAT M S, NANDA P, et al. Secure and Sustainable Load Balancing of Edge Data Centers in Fog Computing[J]. IEEE Communications Magazine, 2018, 56(5): 60-65.

[4] SAHOO K S, PUTHAL D, TIWARY M, et al. An Early Detection of Low Rate DDoS Attack to SDN Based Data Center Networks Using Information Distance Metrics[J]. Future Generation Computer Systems, 2018, 89: 685-697.

[5] GUO J, ZHU Z. When Deep Learning Meets Inter-datacenter Optical Network Management: Advantages and Vulnerabilities[J]. Journal of Lightwave Technology, 2018, 36(20): 4761-4773.

[6] LUO Q, HU S, LI C, et al. Resource Scheduling in Edge Computing: A Survey[J]. IEEE Communications Surveys & Tutorials, 2021, 23(4): 2131-2165.

[7] SOOD S K, SINGH K D. SNA Based Resource Optimization in Optical Network Using Fog and Cloud Computing[J]. Optical Switching and Networking, 2019, 33: 114-121.

[8] CHENG K, TENG Y, SUN W, et al. Energy-efficient Joint Offloading and Wireless Resource Allocation Strategy in Multi-MEC Server Systems[C]//2018 IEEE International Conference on Communications (ICC). NJ: IEEE, 2018: 1-6.

[9] WANG P, ZHENG Z, DI B, et al. HetMEC: Latency-optimal Task Assignment and Resource Allocation for Heterogeneous Multi-layer Mobile Edge Computing[J]. IEEE Transactions on Wireless Communications, 2019, 18(10): 4942-4956.

[10] CHEN L, LINGYS J, CHEN K, et al. Auto: Scaling Deep Reinforcement Learning for Datacenter-scale Automatic Traffic Optimization[C]//Proceedings of the 2018 Conference of the ACM Special Interest Group on Data Communication. NY: ACM, 2018: 191-205.

[11] WANG J, ZHAO L, LIU J, et al. Smart Resource Allocation for Mobile Edge Computing: A Deep Reinforcement Learning Approach[J]. IEEE Transactions on Emerging Topics in Computing, 2019, 9(3): 1529-1541.

[12] ZHAN Y, LI P, GUO S. Experience-driven Computational Resource Allocation of Federated Learning by Deep Reinforcement Learning[C]//2020 IEEE International Parallel and Distributed Processing Symposium (IPDPS). NJ: IEEE, 2020: 234-243.

[13] GARG S, KAUR K, KUMAR N, et al. A Hybrid Deep Learning-based Model for Anomaly Detection in Cloud Datacenter Networks[J]. IEEE Transactions on Network and Service Management, 2019, 16(3): 924-935.

[14] BORGHESI A, BARTOLINI A, LOMBARDI M, et al. Anomaly Detection Using Autoencoders in High Performance Computing Systems[C]//Proceedings of the AAAI Conference on Artificial Intelligence. CA: AAAI, 2019, 33(1): 9428-9433.

[15] CHEN X, LI B, PROIETTI R, et al. Self-taught Anomaly Detection with Hybrid Unsupervised/Supervised Machine Learning in Optical Networks[J]. Journal of Lightwave Technology, 2019, 37(7): 1742-1749.

[16] LIU T, MEI H, SUN Q, et al. Application of Neural Network in Fault Location of Optical Transport Network[J]. China Communications, 2019, 16(10): 214-225.

[17] LI Z, ZHAO Y, LI Y, et al. Fault Localization Based on Knowledge Graph in Software-defined Optical Networks[J]. Journal of Lightwave Technology, 2021, 39(13): 4236-4246.

[18] XIE C, ZHANG B. Scaling Optical Interconnects for Hyperscale Data Center Networks[J]. Proceedings of the IEEE, 2022, 110(11): 1699-1713.

[19] PUTHAL D, DAMIANI E, MOHANTY S P. Secure and Scalable Collaborative Edge Computing using Decision Tree[C]//2022 IEEE Computer Society Annual Symposium on VLSI (ISVLSI). NJ: IEEE, 2022: 247-252.

[20] SHAHKARAMI S, MUSUMECI F, CUGINI F, et al. Machine-learning-based Soft-failure Detection and Identification in Optical Networks[C]//2018 Optical Fiber Communications Conference and Exposition (OFC). NJ: IEEE, 2018: 1-3.

[21] RAFIQUE D, SZYRKOWIEC T, AUTENRIETH A, et al. Analytics-driven Fault Discovery and Diagnosis for Cognitive Root Cause Analysis[C]//Optical Fiber Communication Conference. Washington: Optica Publishing Group, 2018: W4F. 6.

[22] YANG H, ZHENG H, ZHANG J, et al. Blockchain-based Trusted Authentication in Cloud Radio Over Fiber Network for 5G[C]// 2017 16th International Conference on Optical Communications and Networks (ICOCN). NJ: IEEE, 2017: 1-3.

[23] BENJAMIN J L, OTTINO A, PARSONSON C W F, et al. Traffic Tolerance of Nanosecond Scheduling on Optical Circuit Switched Data Center Network[C]//2022 Optical Fiber Communications Conference and Exhibition (OFC). NJ: IEEE, 2022: 1-3.

[24] YU A, YANG H, YAO Q, et al. Hybrid E/O Switching Adaptive Traffic Scheduling Strategy Leveraging Flow Prediction in Intra-data Centre Networks[C]//45th European Conference on Optical Communication (ECOC 2019). [S.l.]: IET, 2019: 1-3.

[25] BAO J, DONG D, ZHAO B, et al. HyFabric: Minimizing FCT in Optical and Electrical Hybrid Data Center Networks[C]//Proceedings of the ACM SIGCOMM 2019 Conference Posters and Demos. NY: ACM, 2019: 57-59.

[26] DONG C, WEN W, XU T, et al. Joint Optimization of Data-center Selection and Video-streaming Distribution for Crowdsourced Live Streaming in A Geo-distributed Cloud Platform[J]. IEEE Transactions on Network and Service Management, 2019, 16(2): 729-742.

[27] FAN F, HU B, YEUNG K L, et al. MiniForest: Distributed and Dynamic Multicasting in Datacenter Networks[J]. IEEE Transactions on Network and Service Management, 2019, 16(3): 1268-1281.

[28] MALIK S, TAHIR M, SARDARAZ M, et al. A Resource Utilization Prediction Model for Cloud Data Centers Using Evolutionary Algorithms and Machine Learning Techniques[J]. Applied Sciences, 2022, 12(4): 2160.

[29] SINGH S K, JUKAN A. Machine-learning-based Prediction for Resource (Re) Allocation in Optical Data Center Networks[J]. Journal of Optical Communications and Networking, 2018, 10(10): D12-D28.

[30] MUSUMECI F, ROTTONDI C, NAG A, et al. An Overview on Application of Machine Learning Techniques in Optical Networks[J]. IEEE Communications Surveys & Tutorials, 2018, 21(2): 1383-1408.

[31] MATA J, DE MIGUEL I, DURAN R J, et al. Artificial Intelligence (AI) Methods in Optical Networks: A Comprehensive Survey[J]. Optical Switching and Networking, 2018, 28: 43-57.

[32] YANG H, ZHAO X, YAO Q, et al. Accurate Fault Location Using Deep Neural Evolution Network in Cloud Data Center Interconnection[J]. IEEE Transactions on Cloud Computing, 2022, 10(2): 1402-1412.

[33] CHEN X, LI B, PROIETTI R, et al. DeepRMSA: A Deep Reinforcement Learning Framework for Routing, Modulation and Spectrum Assignment in Elastic Optical Networks[J]. Journal of Lightwave Technology, 2019, 37(16): 4155-4163.

[34] TANAKA T, INUI T, KAWAI S, et al. Monitoring and Diagnostic Technologies Using Deep Neural Networks for Predictive Optical Network Maintenance[J]. Journal of Optical Communications and Networking, 2021, 13(10): E13-E22.

[35] LI J, TOBORE I, LIU Y, et al. Non-invasive Monitoring of Three Glucose Ranges Based on ECG by Using DBSCAN-CNN[J]. IEEE Journal of Biomedical and Health Informatics, 2021, 25(9): 3340-3350.

[36] GOSSELIN S, COURANT J L, TEMBO S R, et al. Application of Probabilistic Modeling and Machine Learning to the Diagnosis of

FTTH GPON Networks[C]//2017 International Conference on Optical Network Design and Modeling (ONDM). NJ: IEEE, 2017: 1-3.

[37] ZHANG X, GUO L, HOU W, et al. Failure Recovery Solutions Using Cognitive Mechanisms Based on Software-defined Optical Network Platform[J]. Optical Engineering, 2017, 56(1): 016107.

[38] RAFIQUE D, SZYRKOWIEC T, GRIEẞER H, et al. Cognitive Assurance Architecture for Optical Network Fault Management[J]. Journal of Lightwave Technology, 2018, 36(7): 1443-1450.

[39] YAO Q, YANG H, YU A, et al. Transductive Transfer Learning-based Spectrum Optimization for Resource Reservation in Seven-core Elastic Optical Networks[J]. Journal of Lightwave Technology, 2019, 37(16): 4164-4172.

[40] SHAHAM U, CLONINGER A, COIFMAN R R. Provable Approximation Properties for Deep Neural Networks[J]. Applied and Computational Harmonic Analysis, 2018, 44(3): 537-557.

[41] RAGHU M, POOLE B, KLEINBERG J, et al. On the Expressive Power of Deep Neural Networks[C]//International Conference on Machine Learning. [S.l.]: PMLR, 2017: 2847-2854.

[42] YANG H, WANG B, YAO Q, et al. Efficient Hybrid Multi-faults Location Based on Hopfield Neural Network in 5G Coexisting Radio and Optical Wireless Networks[J]. IEEE Transactions on Cognitive Communications and Networking, 2019, 5(4): 1218-1228.

[43] YU A, YANG H, YAO Q, et al. Accurate Fault Location Using Deep Belief Network for Optical Fronthaul Networks in 5G and Beyond[J]. IEEE Access, 2019, 7: 77932-77943.

术语表

A		
ABF	Accommodative Bloom Filter	自适应布隆过滤器
ANN	Artificial Neural Network	人工神经网络
AR	Augmented Reality	增强现实
B		
BlockCtrl	Blockchain-based Distributed Control Architecture	基于区块链的分布式控制结构
BlockCRV	Blockchain-based Collaboration Routing Verification	基于区块链的跨域路由验证
BvN	Birkhoff-von Neumann	伯克霍夫-冯诺依曼
B-RNN	Bidirectional-Recurrent Neural Network	双向循环神经网络
BPTT	Back Propagation Through Time	随时间反向传播
BER	Bit Error Rate	误码率
C		
CPU	Central Processing Unit	中央处理器
CD-CRC	Cloud-Driven CRC	云驱动的跨域路由共识
CNN	Convolutional Neural Network	卷积神经网络
CSO	Cross Stratum Optimization	跨层优化
CART	Classification and Regression Tree	分类回归树
CPRI	Common Public Radio Interface	通用公共无线接口
D		
DDoS	Distributed Denial of Service	分布式拒绝服务
DL	Deep Learning	深度学习
DRL	Deep Reinforcement Learning	深度强化学习
DNN	Deep Neural Network	深度神经网络
DBSCAN	Density-Based Spatial Clustering of Applications with Noise	基于密度的噪声应用空间聚类
DNEN	Deep Neuro Evolution Network	深度神经进化网络

E		
EDC	Edge Data Center	边缘数据中心
EF-SNN	Error Feedback-Spiking Neural Network	误差反馈脉冲神经网络
EPS	Electronic Packet Switch	电包交换机
F		
FF	First Fit	首次适应
FN	False Negative	假阴性
FP	False Positive	假阳性
FL-DNEN	Fault Location based on DNEN	基于 DNEN 的故障定位
FL-DNN	Fault Location based on DNN	基于 DNN 的故障定位
FL-SVM	Fault Location based on SVM	基于 SVM 的故障定位
G		
GE	Generalized Entropy	广义熵
5G	5th Generation Mobile Communication	第五代移动通信技术
GCN	Graph Convolutional Network	图卷积网络
GNN	Graph Neural Network	图神经网络
GRU	Gated Recurrent Unit	门控循环单元
H		
HPT	High-Priority Traffic	高优先级流量
I		
IDCON	Inter-Data Center Optical Network	数据中心间光网络
InP	Infrastructure Provider	基础设施提供商
iForest	Isolation Forest	孤立森林
K		
K-means	K-means	K 均值
KNN	K-Nearest Neighbor	K 最近邻
L		
LSTM	Long Short-Term Memory	长短期记忆
LIF	Leaky Integrate-and-Fire	带泄漏整合发放
LPT	Low-Priority Traffic	低优先级流量
LOF	Local Outlier Factor	局部离群因子
LTP-RA	Long-term Traffic Prediction-based Resource Allocation	基于长期流量预测的资源分配

	M	
MEC	Mobile Edge Computing	移动边缘计算
MTIFLN	Multiple Time Interval Feature-Learning Network	多时间间隔特征学习网络
ML	Machine Learning	机器学习
MAE	Mean Absolute Error	平均绝对误差
MRE	Mean Relative Error	平均相对误差
MAPE	Mean Absolute Percentage Error	平均绝对百分比误差
	N	
ND-CRC	Network-driven Collaboration Routing Consensus	网络驱动的跨域路由共识
SVM	Support Vector Machine	支持向量机
NPC	Non-deterministic Polynomial Complete	非确定性完全
	O	
OCS	Optical Circuit Switching	光电路交换
	P	
PEM	Privacy Enhanced Mail	隐私增强邮件
PBFT	Practical Byzantine Fault Tolerance	实用拜占庭容错
	R	
RMSE	Root Mean Square Error	均方根误差
MSLT	Recursive-based Multi-step Long-term	基于递归的多步长期
	S	
SDN	Software Defined Network	软件定义网络
SDEDCON	Software Defined Edge Data Center Optical Network	软件定义边缘数据中心光网络
SDON	Software Defined Optical Network	软件定义光网络
SNN	Spiking Neural Network	脉冲神经网络
STDP	Spike Timing Dependent Plasticity	脉冲时序依赖可塑性
SGD	Stochastic Gradient Descent	随机梯度下降
	T	
ToR	Top of Rack	机架顶部
TP	True Positive	真阳性
	V	
VON	Virtual Optical Network	虚拟光网络

中国电子学会简介

中国电子学会于 1962 年在北京成立，是 5A 级全国学术类社会团体。学会拥有个人会员 17.3 万余人、团体会员 1700 多个，设立专业分会 47 个、专家委员会 18 个、工作委员会 9 个，主办期刊 10 余种。国内 30 个省、自治区、直辖市、计划单列市有地方电子学会。学会总部是工业和信息化部直属事业单位，在职人员近 200 人。

中国电子学会的 47 个专业分会覆盖了半导体、计算机、通信、雷达、导航、微波、广播电视、电子测量、信号处理、电磁兼容、电子元件、电子材料等电子信息科学技术的所有领域。

中国电子学会的主要工作是开展国内外学术、技术交流；开展继续教育和技术培训；普及电子信息科学技术知识，推广电子信息技术应用；编辑出版电子信息科技书刊；开展决策、技术咨询，举办科技展览；组织研究、制定、应用和推广电子信息技术标准；接受委托评审电子信息专业人才、技术人员技术资格，鉴定和评估电子信息科技成果；发现、培养和举荐人才，奖励优秀电子信息科技工作者。

中国电子学会是国际信息处理联合会（IFIP）、国际无线电科学联盟（URSI）、国际污染控制学会联盟（ICCCS）的成员单位，发起成立了亚洲智能机器人联盟、中德智能制造联盟。世界工程组织联合会（WFEO）创新专委会秘书处、中国科协联合国咨商信息与通信技术专业委员会秘书处、世界机器人大会秘书处均设在中国电子学会。中国电子学会与电气电子工程师学会（IEEE）、英国工程技术学会（IET）、日本应用物理学会（JSAP）等建立了会籍关系。

关注中国电子学会微信公众号

加入中国电子学会